海洋地球化学

严志宇 / 主编

丁光辉 / 主审

大连海事大学出版社
DALIAN MARITIME UNIVERSITY PRESS

图书在版编目(CIP)数据

海洋地球化学 / 严志宇主编. -- 大连 ：大连海事
大学出版社，2024.12. -- ISBN 978-7-5632-4663-2

Ⅰ. P736.4

中国国家版本馆 CIP 数据核字第 2025U9S156 号

大连海事大学出版社出版

地址：大连市黄浦路 523 号　邮编：116026　电话：0411-84729665（营销部）84729480（总编室）

http://press.dlmu.edu.cn　E-mail：dmupress@dlmu.edu.cn

大连永盛印业有限公司印装　　　　　　　　　　　　　　大连海事大学出版社发行

2024 年 12 月第 1 版　　　　　　　　　　　　　　　　2024 年 12 月第 1 次印刷

幅面尺寸：184 mm×260 mm　　　　　　　　　　　　　　印张：8.25

字数：202 千　　　　　　　　　　　　　　　　　　　　印数：1～500 册

出版人：刘明凯

责任编辑：王桂云　　　　　　　　　　　　　　　　　　责任校对：刘宝龙

封面设计：解瑶瑶　　　　　　　　　　　　　　　　　　版式设计：解瑶瑶

ISBN 978-7-5632-4663-2　　　　　定价：21.00 元

序 言

海洋地球化学是以海洋功能为切入点研究地球系统中化学过程的科学。海洋地球化学在多时空尺度下具有丰富的研究内容,研究方法跨越多个基础理论以及应用学科。

由于关注点不同,国内外已有的教材有不同的框架和内容,差异很大。本教材分为九章,包括:绪论、海洋沉积地球化学、海洋元素地球化学、海洋无机地球化学、海洋生物地球化学、海洋有机地球化学、海底成矿化学、海洋环境地球化学、海洋古环境再造技术。海洋沉积过程以过路系统为主线介绍沉积物的形成和归宿;在元素地球化学中重点讲述其循环过程和指示作用;这也是在无机化学中以碳酸盐沉积和铁矿沉积为代表,介绍沉淀反应、氧化还原反应等的地球效应;在生物化学中介绍的是生物碳泵作用、扰动作用及其对地质作用和气候影响;有机地球化学重点讲述有机物埋藏中的氧化反应和成油过程;在环境化学中介绍地球的污染化学和生态环境的相关知识。与纯粹的理论化学不同,本教材各章节内容的分类既不是根据研究对象或过程特征分类,也不是根据研究方法和技术分类,而是从化学研究视角来划分,体现各子化学的交叉性。比如生物化学涉及元素化学和有机化学,无机化学又是有生物参与的化学过程……这种交织本就是海洋地球化学过程特点的反映。其实,将各种特点孤立研究,也会造成认识的片面性,不利于本学科的发展,本教材的分类仅是为了更好体现系统论的研究范式和方法。

本教材的另一个特点是以全球视域进行学科汇总,是基于地球系统的不同尺度下的时空演变中的化学过程和作用进行的。比如在对碳酸盐沉积的介绍中,从其化学性质在海洋环境中的行为体现讲述到地质演变过程产生的气候效应。在对生物扰动的介绍中,既有小尺度的界面过程特点,又有对海洋底质革命的地质影响,最后从地球系统的角度提出对现代社会发展的警示。该特点是站在世界生态文明的视域高度,将海洋定位于地球各圈层的重要枢纽,并将海洋地球化学牢牢地扎根在地球与生命科学相结合的基础之上。

党的十八大以来,习近平总书记提出构建人类命运共同体的战略构想,此后又提出构建海洋命运共同体和保护海洋生态文明、世界生态文明等。海洋地球化学为丰富和深化新理念和新思想提供重要的理论和技术支撑。本教材的编撰旨在体现海洋地球化学在应对全球环境变化、保护海洋环境的社会需求方面所肩负的重要使命。

本教材除了可作为相关专业的本科、研究生的教学用书,还可作为科研工作者的参考用书。

由于编写的滞后性,本教材不能全面体现最新研究成果。由于篇幅限制,本教材也仅涉及典型化学反应及效应。另外,编者的水平也使本教材在本领域教学和研究中起着抛砖引玉的作用,望读者不吝赐教。

严志宇

2024 年 11 月

目　录

第一章
绪　论

第一节 ◉ 海洋地球化学概述

一、学科定义

化学反应是地球上重要的物质变化过程,海洋化学是地球化学的重要分支。化学规律的确定性,使其具有好的可追溯性,岩石、沉积物就是地球历史、海洋化学的记录簿。海洋地球化学研究内容的丰富性,使得各学者有不同侧重点。根据研究特点和作用,国内学者对海洋地球化学给出不同的定义。

1987年李法西给出的定义是:海洋地球化学是研究海洋中化学物质的含量、分布、形态、转移、通量和循环的学科,是地球化学中以海洋为主题的一个分支,也是化学海洋学的主体。

1989年赵其渊给出的定义是:海洋地球化学是地球化学的新兴的分支学科,是地质学、海洋地质学、海洋学和海洋化学相结合而形成的边缘学科,它集中研究海洋环境下的各种地球化学作用过程和在这些过程中化学元素的行为规律和自然历史。

1998年胡明辉给出的定义是:海洋地球化学是研究海洋中物质的来源、迁移、转化及循环过程,研究全球海洋收支平衡,以及研究各种界面过程和物质的输入输出通量的学科。

2020年陶平给出的定义是:海洋地球化学是集中研究海洋环境的各种地球化学作用过程和在这些过程中化学元素的行为规律和自然历史的学科。

对于什么是海洋地球化学,国外教材并未将其作为术语简单定义,但是提出其关注的基本问题是海洋作为化学系统是如何工作的。因此,其对海洋地球化学的理解是,把地球作为一个具有整体功能的体系,海洋则是其中重要部分。解决该问题的关键之一在于把海水、沉积物和岩储层作为一个统一的系统来对待,了解控制海水组成的化学的、地质的和生物(化学)过程的本性以及海洋系统内这些过程和物理传输的相互作用。

可见,海洋是功能化地球的一部分,海洋地球化学在推动地球科学定量化中起到关键作用。海洋地球化学研究的是作为地球的一部分的海洋的动力学过程,需了解各过程(主要包括化学反应)及引起的物质传输,因此它也是综合各学科来认识和保护地球环境的学科。海洋地球化学以海洋功能为切入点研究地球系统中化学过程的科学。本教材给出的该定义强调了地球系统背景下的化学效应和海洋功能的研究特点。

二、学科特点

从地球化学角度来看,海洋的特点有:除与海水化学和晶体化学的规律有关外,还同时受海洋水动力循环、沉积物搬运、生物循环和生物化学循环的共同制约;海洋为多系统的复杂体系,海洋各系统之间、系统内部各环节之间以及海洋体系与环境之间相互依从、相互制约,形成一个彼此协调而稳定的整体;海洋体系的一些性质从整体讲具有不均匀性和时变性,而就局部讲则具有均匀性和稳定性;海底的年轻性及对于沉积物的良好现场保存性。

上述特点决定海洋地球化学的学科特点在于其学科的交叉性,即海洋地球化学是地球科学的一部分,是地质学、海洋科学和地球化学的交叉学科。相比海洋化学,其突出海洋科学和地质科学的结合,着眼于研究海洋体系的地球化学问题和全球性地球化学问题的内在联系;相比海洋地质学,其突出化学特点。本教材反映的学科重点是在海洋沉积物形成和演变中发生的化学过程和地球效应。

本学科还具有跨学科性,具有各学科的综合特点。在海洋地球化学的研究中,所用的理论方法基本上来自海洋物理化学;所用的分析方法来自海水分析化学。在研究海水中的悬浮物时,往往要涉及河口化学的内容;在研究有机物时,又与海洋生物化学交织在一起。另外,促进海洋地球化学巨大飞跃的两个要素有:取样与分析技术,如深潜器、卫星遥感、实时观测、沉积物捕获器;海上调查,地球化学数据处理技术可提供全球范围的海洋地球化学数据库。这都反映了该学科的跨学科特点。

第二节 ◎ 海洋地球化学演化

为搞清海洋在地球功能中的作用,应该放眼整个地球系统、穿越全程演化史来研究地质中的化学。本节从化学角度简述海洋和地球演化史,关注的是化学线索和化学证据,旨在更好地诠释该学科在理解地球动力学过程研究中的贡献,避免后续章节介绍的更精密的研究成果与宏大的地球演化史割裂开来,并支撑下一节关于海洋地球化学的系统特征的介绍。

这里将地球化学演化史分为:宇宙化学,涉及元素的产生和星球的诞生;岩石化学,涉及地球成分和结构的形成;生命化学,主要是从化学角度探讨生命起源的地下岩石起源说及生物对地球环境的化学改造。最后概述几个旋回演化历程。

一、宇宙化学

1. 元素的产生

150亿年前大爆炸后,诞生了化学。最初的元素主要是 H、He 和少量的 Li。广泛接受的大爆炸理论的化学证据就是根据理论模型所推测的微量元素的丰度与实测一致。从 H 开始的核聚变形成 C、O、Mg、Si……一直到 Fe,各元素形成于恒星演化的各个阶段。在恒星的终点,也就是超新星的爆发,抛出更重的元素,如 Au、Pb、U 等。其核心为中子星,外围元素形成星际物质,重新形成下一代恒星。经过星体的演化,大爆炸产生的 H 和 He 合成太阳系中的80多种稳定元素及长寿命的 Th 和 U。

太阳风把 H、He 从较重的元素中吹出来,较重元素如:Si、O、Mg、Fe 等形成岩石行星:水星、金星、地球和火星。较轻气体元素 H、He 被被吹到太阳系外围,形成气体行星:木星、土星、天王星和海王星。

宇宙中化学元素的组成和丰度是对宇宙成因理论和元素起源假说的检验,也是地球化学体系的基本数据。元素的宇宙丰度用太阳系的平均值表示,其确定方法有:测试太阳及其他星体辐射的光谱;直接测试地球岩石、月球岩石、各类陨石;宇宙飞行器观测附近星体;测试气体星云、星际物质、宇宙线。一般根据太阳光谱资料确定太阳系中挥发性元素含量,如 H、He,占太阳系中 85 种元素的 98%;根据球粒陨石的化学组成确定太阳系中非挥发性元素的组成和含量,如 Si。

2. 地月的形成

45.67 亿年前地球诞生。早期地表为岩浆状态,没有存留任何其形成的化学证据。太阳系里有记录,如在太阳行星和卫星形成之前的球粒陨石、投到月球上的地球岩石,其中放射性元素可作为计时器。根据这些记录,目前地球成因较为流行的观点是星子连续吸积模型。星际物质形成星子,星子主要由 Fe、Ni 及其氧化物所组成;随距离的增加,星子逐渐由 Mg、Fe 的硅酸盐以及水、甲烷、氨和其他挥发组分的冰所组成。

地球形成后,也发生了元素的分化:熔化的 Fe 沉到中央;地幔富含橄榄岩,部分熔化成富含 Si、Ca、Al 的黑色玄武岩地壳;地磁场避免 H_2、He、H_2O 等被太阳风吹离地球,使其得以形成海洋和大气。地球经历了高度的化学分异,形成了清晰的层状结构,尤其是地壳的物质组成不同于整个地球乃至全部太阳系的化学组成。

45.67 亿~45 亿年前月球诞生。早期关于其形成机理的化学线索有:根据月球样本和火成岩石学理论,月球密度低,没有铁核;没有 N、C、S、H 元素,无水;氧同位素的比例同地球,等等。这些化学证据否定了月球形成的“分裂说”“捕获说”“共生说”。根据元素化学研究成果及轨道动力学研究及模拟等,得出月球的形成是忒伊亚撞地球,其碎片形成月球。2019 年刊发的论文发现地球和月球上氧同位素的含量大致相同。这意味着,在撞击之中,地球和忒伊亚各自的氧元素实现了充分混合。2024 年 8 月,中国学者根据嫦娥五号带回的样本首次证实了月壤中水分子的存在,这有助于进一步揭示地月系统的形成与演化。

二、岩石化学

地球早期的演化,是制造元素的宇宙化学和形成岩石的岩石化学共同作用的结果。

1. 最早的地壳

从宇宙化学可知,有几种元素在岩石行星中必定要占优势的,就是 O、Si、Al、Mg、Ca、Fe,占 98%。在地球演化中这些元素带来同其他行星类似的相对确定的化学结果。

在 20 亿年前,基本没有游离态的氧气。O、Si 是地球上最强的电子接受体和授予体。强大的 Si-O 键使得硅酸盐是地球上最常见的矿物,约有 1300 种。Ca、Mg、Al 在其中发挥结构性的作用。这六大元素中,和其他五种元素只有一种高价态不同,Fe 有多种价态。Fe 取代了 Mg、Al 形成的矿物有多种变体。二价 Fe 占据二价 Mg 形成的矿物从 100% Mg 的无色变到 100% 二价 Fe 的黑色。三价 Fe 取代 Al 形成的矿石具有各种红色调,Fe 比例高时,矿物发红;Al 比例高时,矿物发绿。除与 O、S 结合外,更多的 Fe 以单质状态沉到地球中心。

在岩石化学之前,熔化的地球需要先冷下来。硅酸盐蒸气以雨滴的形式降落,形成第一批岩石。实验岩石学家用铂金丝打造细线圈,通过高强度电流造成高温环境,用气泵、压缩机和加强机产生 12 000 个大气压,发现富含六大元素的熔化物冷却到 2 700°F 时,形成硅酸镁橄榄石晶体。由于致密,在地球和月球上都发现这些绿色的小晶粒在长大过程中沉到了地下深处。

随着硅酸镁橄榄石晶体沉底,剩下的岩浆因耗尽 Mg 而更富 Ca 和 Al。当岩浆持续冷却时,第二种矿物生成,就是钙长石,在橄榄石边结晶。其由于不致密,所以上浮到岩浆的表层,可形成漂浮的长石山脉,这在月球上更常见。地球上,虽然在地表低压下有少量钙长石,但辉石的形成最常见,与橄榄石混在一起,形成橄榄岩。橄榄岩成为地球最早的地壳。但因密度大,所以橄榄岩地壳一旦形成就下沉,成为地幔物质。上地幔以橄榄岩为主,其下的过渡区中的橄榄石则被挤压成瓦兹利石。在下地幔,Si—O 键采取更致密的排列方式存在——钙钛矿,即钙钛矿晶族的硅酸镁。这些在 1974 年已在实验室中 30 GPa 条件下合成出来了。

橄榄岩地壳在下沉中被加热,部分熔化。最先熔化的部分 Ca、Al 居多,还有 Fe 和 Si,以及少量 Mg。在地球深处,这些熔岩向地表上升,形成玄武岩。就这样,45 亿～44 亿年前玄武岩成为最早的、稳定的、黑色的地壳。玄武岩上升时,其中的水和其他由 N、C、S 构成的易变物质形成爆炸性气体,使玄武岩以火山喷发,并以火山锥的形式分布全球。如果爆炸力不足以形成火山,岩浆形成的长石或辉石,藏在辉绿岩或辉长岩中,以岩脉、岩壁、岩床等形式存在。

2. 海洋的形成

44 亿～43 亿年前,水的作用使地球与其他行星的演化轨迹产生极大的不同。

水的起源有两个争议的观点:一是地球在吸积期获得了大量的水,二是在地球形成后,外来富水陨石提供了大量的水。对第二种假说,用氢同位素组成来示踪,有不少研究提出碳质球粒陨石和彗星是地球水的主要来源,但是却无法解释其在氢同位素上的明显差异。越来越多的高精度同位素分析表明,顽火辉石球粒陨石与地球在 O、Cr、Ti、Ca 等同位素组成上几乎完全相同。2020 年,《Science》刊发的一篇论文根据 H—N 同位素分析结果,可认为顽火辉石球粒陨石是建构地球的主要吸积物质。而顽火辉石球粒陨石有含水矿物。作为水起源指纹的氘/氢(D/H),其地球深部地幔的值接近顽辉石球粒陨石和原始太阳星云,远低于彗星等太阳系外围物质,即:其结果支持第一种假设,地球的水可以完全由顽火辉石球粒陨石提供。

对水在地球的赋存状态,矿物学上认为氢原子与水是对等的。高温高压下的地球化学实验结果表明:矿物是容易与氢原子结合的。学术界当前普遍接受的观点是地球深部的水主要以 OH^- 的形式赋存在矿物的晶体结构中。然而,现今地球的深部以及地球诞生的早期是高度还原性的,且太阳系初期的基元物质是 H_2 和 He。最新高温高压实验发现:在高度还原氛围下,地幔的主要组成矿物中都可以溶解一定量的分子氢(H_2)。这颠覆了深部地球中的水以 OH^- 为主的学术观点,揭示了水的起源有全新的可能,也意味着地球有不同的水演化和氢动力。

根据地球形成理论模型,发现类似顽火辉石球粒陨石可为地球贡献 3.4～23.1 倍的地球大洋水,玻璃组分和有机质可贡献 3～4 倍的地球大洋水,这与下述通过实验结果估算地幔水含量相一致。

有学者用俄罗斯套娃的方式把巨大的压力通过四层结构的层层包裹方式,施加到越来越小的矿物样品上,样品外用金或铂当衬里,外面是碳化钨,再外层是钢材料。同时,对粉状矿物进行加热,产生高温高压;或用金刚石压腔,用仪器挤压两个金刚石,可形成 300 万个大气压,这是地球内核的压强。同时用激光加热样品并照亮。用离子探针测试水,用红外光谱测试氢氧特有的化学键,研究岩石的含水特征。通过实验模拟推测深层地幔含水量:尽管橄榄石含水量<0.1‰,但在地幔条件下形成的瓦兹利石的含水量为 3%,是目前海水水量的 9 倍;下地幔含水量少,但是体积大,水量是海水的 16 倍;铁核也含很多 H。上述推测结果为:地下含水量是海水水量的 80 倍。

地球在形成后的 5 亿年内遭受了几十次 100 英里的陨石撞击,把地表聚集的水蒸发,但地球终于形成了海洋。全球海洋形成的精确时间根据硅酸锆中铀同位素推测为 40 亿年前。

3. 大陆的形成

橄榄岩熔化,上浮的冷却物形成玄武岩地壳。对大陆的形成,板块构造理论的一种解释是:由于对流传热机制和水的冷却作用,密度并不大的玄武岩会俯冲向下再次熔化,富含 Si、Na、K 的密度小的物质上升到表面,会形成灰色的花岗岩。花岗岩在不断累积和不可逆转地增大中,形成连续的、厚实的地壳,如图 1-1 所示。水是形成大量的花岗岩必不可少的重要条件,只有地球才有花岗岩地壳,也就是说,正是海洋使得地球的矿物演化开始大大不同于其他行星。

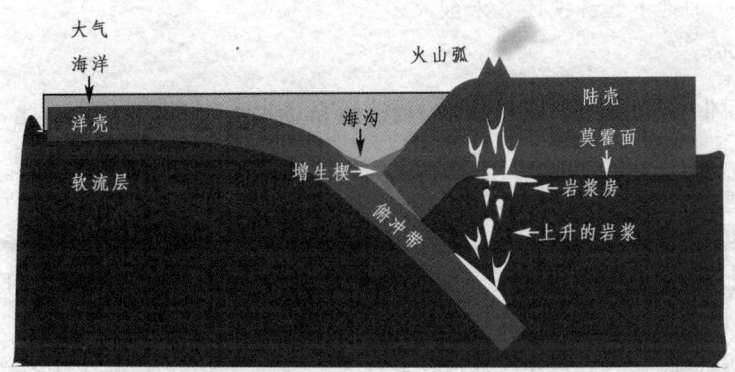

图 1-1　洋壳上玄武岩俯冲经过反复分化导致累积花岗岩陆壳

板块构造理论的革命性还体现在揭示地球是一个集成系统,地球化学过程不是独立的存在,地球科学可以从化学角度关注生命的起源。

三、生命化学

1. 生命的起源

形成生命前,需要先形成糖、氨基酸、脂类等生命分子,这可以叫作前生命化学。达尔文猜想生命源于一个"温暖的小池塘"。1953 年,米勒著名的"原始汤"电火花实验模拟了地球早期的大气环境,产生氨基酸等有机物。一些化学实验可实现一部分复制,如柠檬酸循环,同时破坏不相关反应。生化实验已实现分子进化中的选择性,可用无功能的 RNA 选择性地产生了对目标物有吸附能力的 RNA……

目前地球化学的发展,可能颠覆上述实验化学推测的生命起源说。其中海洋热泉说备受瞩目。在深海中涌出海底的岩浆创造的极端条件与早期地球环境相差无几。根据此处存在的生命推测,富含铁和硫的矿物表面促成了生命的诞生。随着地质学家对地下岩石层的探索,发现的微生物使生物学家提出"地下岩石起源说"。不断增加的实验室成果和现场勘察结果形成了生物和矿物相关的新型交叉学科——"地球生物学"。

在海洋地壳的岩石样本中,地球生物学家通过拉曼光谱学、各种同步辐射技术、扫描电子显微镜分析,发现丰富的有机物分子并非全部源自生物,其中有些源自矿物。当深埋在地壳下数千米的海洋地幔岩石和海水接触时,蛇纹石化作用产生极大热量,导致大规模膨胀,生成许多缝隙。渗入的海水与地球缝隙里的物质反应产生大量氢,与周围环境中的二氧化碳反应,可生成甲烷和其他有机分子。地幔岩石在某些条件下可能会形成生命分子。

进一步的研究还发现矿物可以提供生命起源的两个决定性因素。首先是必须有"区隔"(如膜),岩石中有大量微米级孔隙,与细胞直径相仿。另外,矿物环境能够合成许多"两亲"有机分子,这样的分子可以"闭合"成一个泡囊,最终可能诞生细胞。其次是必须有能够携带和传输信息的分子。生命初诞时的遗传物质其实极有可能是 RNA,这些分子多见于陨石,可在实验室中合成。2018 年的研究发现,硼酸盐对其合成有催化作用。38 亿年前的蛇纹岩附近,硼元素曾大量存在,该时间与生命萌芽时期吻合。而且,RNA 分子耐高温、高压,能够在当时恶劣的地底条件下幸存。

矿物表面可能为有机质组装、早期生命形成提供了重要的支架和催化剂。但由于缺乏足够的证据,目前生命地下起源说还远未被大多数学者接受。

2. 岩石圈化学

仅靠岩石的化学能不足以改变地球环境。生命产生后,与岩石共同演化,才彻底改造了地球。

早期的生命利用的岩石化学能来自还原性的地幔和氧化性的地表相遇释放能量。具体的地球化学过程包括:火山爆发促进电子由地幔到地表的转移;铁生锈,形成富含铁的沉积物;其他金属元素氧化,如产生更多的石灰石、硫酸盐和磷酸盐;碳形成甲烷、丙烷、丁烷;硫酸盐、硝酸盐、碳酸盐和磷酸盐替代奇缺的氧接受电子。

生命产生前,地球上的氧化还原反应比较缓慢。早期生物要依赖岩石化学能,因此,加速了岩石的电子转移:微生物产生催化剂,促进类似产能量反应的发生;加速氧化铁的生成。澳大利亚、南美洲的太古宙的条带状铁建造(Banded Iron Formation,BIF)就是微生物留下的化学证据。

早期光合作用不产生氧气。细胞中的藿烷指示了微生物进化出能产氧的光合作用中心。24 亿年前,地球发生了大氧化事件(Great Oxygenation Event,GOE),空气中的氧,从零上升到超过了现代水平的 1%～10% 含量。化学证据来自岩石:25 亿年的岩石中矿物暴露在现代环境下易被氧腐蚀;远古河床有还原态的黄铁矿(硫化铁)和沥青铀;18 亿～25 亿年的岩石中氧化铁多,出现了氧化锰,积淀成厚层;其他金属氧化物也首次出现在大氧化事件后。由质谱分析获得的 ^{33}S 是大氧化事件发生时间的直接证据:24 亿年前 ^{33}S 不服从质量影响规律,但 24 亿年后的则服从。元素质量影响其同位素分馏,质量数为奇数的同位素还受紫外辐射影响。推测 24 亿年前的臭氧未形成,不能挡住紫外辐射。

几个世纪以来,人们默认的假设是矿物独立于生命,但是最近的新观点"矿物进化"强调岩石圈与生物圈共同进化。生命出现之后,矿物多样化进程显著加快,微生物会改造、新生矿物,存在微生物控制成矿、微生物诱导成矿的机制,如前寒武纪的条带状铁建造。在产氧微生物出现,直至大氧化事件之后;矿物种类倍增,达 4 500 种;地下富氧的水以溶解、传输、化学反应的方式,改变岩石;花岗岩中 Mo 和 Re 氧化后才能进入沉积岩中,与黑页岩融为一体;大氧化事件使得氧气侵蚀地表,灰黑色的含铁的花岗岩和玄武岩分解为砖红色的土壤,等等。但是矿物又为生命提供新的生态位和化学能源:矿物可对微生物起催化、化学保护作用,如水钠锰矿促进产氧光合中心出现,氧化环境扩张压缩产甲烷等厌氧微生物生态位;矿物为微生物提供生命元素,如 Fe、Mo、Ni 等微生物必需的辅酶因子和 K、P 等营养元素;矿物可为微生物直接提供能量或帮助微生物传递能量,如微生物可以氧化还原矿物结构的变价元素(如 Fe)来获取能量,也可以通过磁铁矿、闪锌矿等半导体矿物实现长距离、跨细胞的电子传递,甚至从半导体矿物中获取光电子进行生长。

大氧化事件改造的地球为生命扩张铺平了道路。尽管在古元古代大氧化事件之后的 10 亿年内生物和地质都相对停滞,元古宙中期(1.8～0.8 Ga)被认为是地球的静寂期(Boring Billion)或地球中年期(Earth's Middle Age),但这只是大事件爆发前各种竞争力量之间的一种平衡,接下来陆地开启超大陆旋回、气候经历数次冷热交替、生物发生不可逆转的进化和扩张以及大灭绝。

四、旋回中演化

从板块裂解至海洋形成,到形成大洋盆地,再到开启板块汇聚,最终碰撞造山,在距今 30 亿年里,地球经历了五次超级大陆的分分合合。超级大陆缺乏证据,但有一个证据就是前面说的锆石。超级大陆形成时,碎屑矿物中会出现锆石含量的高峰,锆石里的铀和钍,可获得结晶时间。

早期大块陆地形成后,地球发生大规模侵蚀,在浅海边缘形成大规模的沉积物。起初是浅水的砂岩和石灰岩,然后是更深水体中的淤泥和黑页岩。这种沉积序列,表明大陆破碎过程。石灰岩中碳同位素,显示藻类生产率的变化,指示着岸边沉积的特点。沉积岩还含有一些与气候和生态学有关的线索。在快速风蚀的热带地区沉淀下来的沉积物,大大不同于温带湖泊的沉积物,也大大不同于高纬度地区的冰川沉积物。

除了超级大陆旋回,地球也开启了雪球-温室循环。24 亿年前,地球发生大氧化事件,大气中游离氧突然增加,温室气体甲烷被大量消耗,地球温度开始慢慢降低,24 亿～21 亿年前出现第一次大冰期,史称"休伦冰河时期"。8.5 亿～6.3 亿年前发生第二次大冰期,再次发生雪球地球事件,史称"震旦纪大冰期"。这是因为 Rodinia 超级大陆的解体导致全球岩石的化学风化作用加强,消耗了温室气体,导致低纬度地区发育了冰盖。其证据来源于海洋深层沉淀物富含大量的 ^{13}C 同位素,说明成冰纪处于地球生物低潮期。

5.3 亿年前寒武纪生物大爆发。4.4 亿年前的第一次生物大灭绝,史称"奥陶纪-志留纪大灭绝"。全球气温迅速变冷,海平面迅速下降,沿海生态系统被破坏,大约 85% 的物种绝灭。3.85 亿～3.6 亿年前发生第二次生物大灭绝,史称"泥盆纪大灭绝"。由于地表被大片森林覆盖,大量消耗二氧化碳气体,导致地球气温骤降,海洋极度缺氧,大约 70% 的海洋物种绝灭。2.5 亿年前发生第三次生物大灭绝。地球发生超级火山事件。火山喷发产生大量二氧化碳,诱发温度上升和海洋酸化,地球极度干燥和炎热,导致超过 90% 的物种灭绝。这是已知最大的生物灭绝事件,又称为"二叠纪-三叠纪大灭绝"。2.08 亿年前发生第四次生物大灭绝。板块运动加剧,中大西洋开始打开,导致大规模的火山爆发,形成700万平方公里的玄武岩。全球升温和大洋酸化,诱发了这次生物大灭绝事件,至少76％的物种消失,史称"三叠纪-侏罗纪灭绝事件"。6 500万年前发生第五次生物大灭绝。一颗直径10公里的陨石撞击墨西哥尤卡坦半岛,释放了巨大的能量,大量高热灰尘进入大气层,造成全球性的火风暴,引发了大规模海啸事件,地表形成了希克苏鲁伯陨石坑,造成了昔日霸主恐龙的灭绝。与此同时,印度板块开始向北漂移,冈底斯板块初始碰撞,青藏高原开始隆起。印度板块的德干高原发生大规模火山喷发,释放大量含硫气体,进一步加快大灭绝事件。

5 600万年前发生"极热事件"。海洋温度上升,海底可燃冰释放大量甲烷,导致地表进一步升温,地球两极普遍高于20 ℃。3 100万年前,由于超级地幔柱的作用,非洲大裂谷开始裂开。1 500万年前,地球开始形成现今格局,南极大部分被冰雪覆盖,中国形成现今的地貌格局。7万～1万年前,地球末次冰期来临。1 000万年前,气候开始变得干燥,大草原代替了森林,人族和黑猩猩亚族从猩猩属的祖先中分化出来。700万年前,非洲乍得沙赫人诞生。

地球发生的这些宏大的演变,是整个地球系统中空气、水和陆地共同作用的结果。人类出现,使得智力成为另一种影响地球的力量。诺贝尔奖得主、荷兰大气化学家保罗·克鲁岑(Paul Crutzen)于2000年认为人类活动对地球的影响足以开创一个新的地质时代——人类世。2008年,英国地质学家扬·扎拉斯维奇(Jan Zalasiewicz)认为已正式进入了人类世。

第三节 ◎ 海洋地球化学系统

进入21世纪,地球科学发展到"地球系统"的新阶段,强调地球各圈层相互作用,从整体地球系统的视野,对地球各圈层的相互作用过程和机理进行研究。海洋地球化学也应从地球系统角度,在地圈与生物圈协同演化中研究其化学作用,从而更好地发展学科,为保护海洋环境提供理论指导。

一、各圈层间的协同演化

1. 基本圈层

地球是一个物质与能量不断相互作用下的一个非常复杂的非线性系统,被划分为几个基本的圈层,包括:大气圈、水圈(含冰冻圈)、地圈(含地壳、地幔和地核)、土壤圈和生物圈(包括人类)。地球系统是指这些圈层组成的有机整体。各圈层之间彼此交错相互影响,圈层之间及内部随着时间的推移相互作用,构成了地球的演化。

地球系统的演化主要受外动力和内动力共同驱动。前者是太阳辐射能量,直接影响着地球气候变化、生物光合作用和岩石风化剥蚀等地球表层系统过程;后者是地球内部放射性物质衰变、物质向地球深部迁移释放的重力势能和矿物结晶等释放的热量,对大陆漂移、海底扩张、板块运动、岩浆活动、地震作用、变质作用和构造运动等过程产生影响。在地球形成之初,内动力使表层地球被岩浆海所覆盖,逐渐分异出地壳、地幔和地核,而太阳昏暗,外动力较弱。而现今地球在板块构造体制下,内动力依然很活跃,同时太阳光度增强,外动力非常活跃。

不同时期地球具有不同的化学过程:冥古宙的地球,有挥发性物质输入,大气富含挥发性物质,地壳与大气有含 C、O、H、S 等元素的气体的交换,地幔有金属和硅酸盐与挥发性物质的交换,地核的金属里有溶解的较轻的元素。而显生宙时的地球,依然有地幔通过火山输入气体,也有挥发性物质俯冲到地幔,而地核已进一步分层。同时,地球系统的物理、化学及生物过程在空间上又可以分为许多子过程,各个过程彼此交错,相互影响。

2. 相互作用

生物、海洋和地质共同演化,互相影响的典型例子是前述的大氧化事件(GOE)。目前传统观点认为,海洋形成、生命开始出现、产烷生物使大气富含甲烷、海洋中光合作用生物蓝细菌长时间的累积效应,使之前还原性的地表环境逐渐变为氧化环境。GOE 导致大量厌氧生物的灭绝,促进真核生物细胞分化(见图 1-2)。多细胞生物逐渐出现并发展,继而生命大爆发。当氧气达到高峰时,提高了生物能量的利用率,促进了生物的进化。

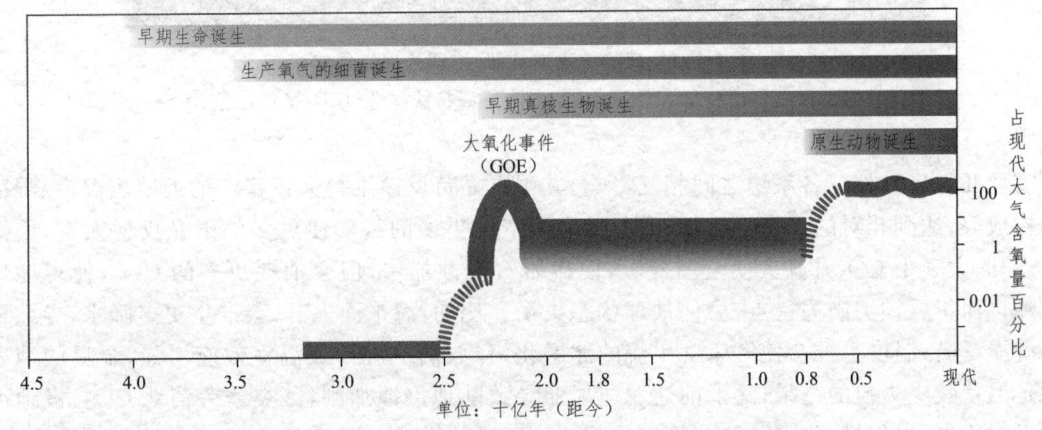

图 1-2 大氧化事件与生物演化

35 亿年前生命就开启"光合作用",但是直至 24 亿年前才发生大氧化事件。这其中有海洋成矿机制的影响。海洋生物产生的氧气和海水中二价铁反应,生成氧化铁,形成铁矿石。这一过程持续了 10 亿年,大量条带状铁建造(BIF)形成(见图 1-3)。然后游离的氧才富集大气,深部海洋最终也被彻底氧化。这是地球表层系统的一次全面变革。

地表的生物过程还会通过板块运动对地球内部产生影响,并被火成岩反映出来。如前所述,生物过程影响了包括深海的地表氧化还原状态。如果海洋地壳在俯冲进入地幔之前,被深海中的氧和硫酸盐氧化,氧化物质会被输送到俯冲带上方可形成岛弧的地幔源,导致岛弧玄武岩的氧化程度比大洋中脊玄武岩更高。依据该机制,火成岩的氧化程度可反映古深海含氧状态,所反映的结果与铁氧化物反映的结果相一致。

地球圈层之间相互作用制约大洋含氧变化。藏南(西藏自治区的南部地区)和深海钻探、大洋钻探证实白垩纪海相大洋缺氧和富氧的韵律性,即缺氧事件之后会出现富氧环境。这是同一原因(剧烈的岩浆活动)导致的不同结果:大规模火山喷发导致热能释放、大气中 CO_2 浓度升高,大气温度升高使得海洋缺氧;海底岩浆喷发导致铁进入水体,使得浮游植物大规模繁盛,产生大量的 O_2,造成地表富氧环境。前者以岩石圈、大气圈和水圈的物理、化学过程为主,是火山的直接作用结果;后者主要是生物-海洋地球化学过程,复杂、间接而缓慢。

3. 反馈机制

天气变化在旦夕之间,海洋变化超过千年,岩石循环跨越千百万年,超级大陆的聚合与破

图1-3 条带状铁建造的照片(图片来自网络)

三价铁氧化物(如赤铁矿Fe_2O_3)使条带状铁建造(BIF)呈现红色。

裂需要几亿年。地球各系统之间相互影响,其中有靠负反馈维持大致稳定的近地表温度、湿度和构成等,达到相对的平衡。比如:升温的海洋产生更多的云彩使更多的阳光反射太空,使海洋冷却;大气中CO_2升高会使全球变暖,使得岩石侵蚀加快,但会消耗更多的CO_2,使得地球冷却。而正反馈突破失衡点,会使地球状态失衡。比如:海平面上升,会产生更多降水,导致更多海岸泛滥;温度上升会使海床含甲烷的冰融化,释放的甲烷导致温室效应增强,金星的地表就是温室效应失控的结果;除了前述罗迪尼亚导致陆地侵蚀加剧,藻类繁荣消耗CO_2、极地冰雪反射阳光,也促进了地球变冷,最终导致前面所说的雪球时期。

地球演化历史中的一个反馈机制的例子就是CLAW假说。海洋和大气圈的硫循环的研究结果,揭示海洋浮游生物-大气凝结核-气候之间存在反馈链,即高温将导致海洋浮游生物爆发,使得海洋和大气中DMS(二甲基硫)通量增加,DMS在大气中氧化形成硫酸盐气溶胶,成为云凝结核,从而增加云量和反照率,导致气候变冷。从地球演化历史中还可以看到,生物影响了大气圈O_2演化过程,植物可以增加化学风化强度,影响大气CO_2浓度变化;海洋钙质生物埋藏可以形成强大的碳泵,植物光合作用和有机质埋藏也能影响大气CO_2浓度变化。这些过程都显示通过反馈机制,生物能够起到调控地球气候的作用。

在理解地球变化的气候和环境中,碳是关键。除了CO_2外,在气候变化中,还有甲烷的作用——这涉及地球的碳氢化合物的起源。甲烷有浅层起源:海底微生物产甲烷,聚集在沉积物里,在缺氧时非常旺盛;还有深层起源:在地壳深处、上地幔,在极端温度和压力下,水、二氧化碳(存在于方解石中)在含铁矿物作用下可能会生成甲烷。甲烷的释放有浅层释放:海水稍热,浅层的甲烷冰融合,释放甲烷;还有火山喷发,释放深层甲烷。存在一种正反馈或许加快了全球变暖,那就是当温度上升时,海床反而能释放更多的甲烷气体。这种正反馈可能会特别强烈。在新元古代,也许就发生过灾难性的释放。问题是如果仅是微生物产生甲烷,或许不会发生那么大的作用,但是甲烷来自非生物,从地幔中释放,人类需要共同努力,致力于理解地球深处的碳。

二、学科概述

1. 学科发展

生物圈、生物地球化学的创始人,苏联著名地球化学家维尔纳茨基(1863—1945),指出生物是地质营力的一部分,地圈与生物圈协同演化。这应该是地球系统学科发展的萌芽。

20世纪70年代,英国气象学家洛夫洛克认为生物与地球组成了一个类似生物的有机体,其拥有一个全球规模的自我调节系统,是一个"超级有机体",强调生物圈对全球环境的调节作用,认为地球表面的气候和化学成分,由生物圈维持在一个最适宜生物圈的动态平衡中,并用希腊神话中大地女神Gaia(盖娅)命名这个控制系统。

20世纪80年代,为应对"臭氧层空洞""温室效应"的威胁,首先由大气科学界发起,在全球范围内对碳循环等进行跨越圈层的追踪,发起将地球作为整体、从圈层相互作用着眼的"地球系统科学"。

1983年,美国国家航空航天局(NASA)建立了"地球系统科学委员会"。1986年,NASA首次将地球系统科学作为一个名词提出;1988年,NASA出版了《Earth System Science:A Closer View》,提出了著名的Bretherton图(见图1-4),清晰地描绘了地球系统圈层相互作用的关键过程及人类活动的影响,标志着"地球系统科学"的起步。

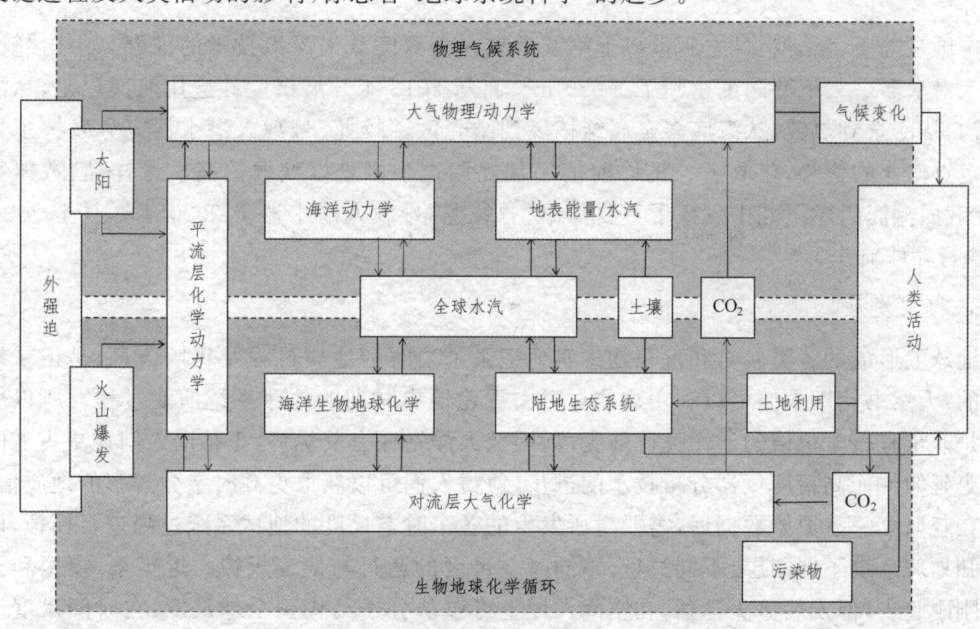

图 1-4 Bretherton 图

《Science》杂志于2018年发表Lenton和Latour的观点文章,认为进入人类世之后,地球系统已从无意识自我调控的Gaia,转型为(人类)自我意识下自我调控的Gaia 2.0。如何从Gaia中学习,以创建可持续发展的地球—生命新系统Gaia 2.0,是我们面临的迫切课题。

2021年,诺贝尔物理学奖被授予气候学家真锅淑郎(Syukuro Manabe)和克劳斯·哈塞尔曼(Klaus Hasselmann),以表彰他们对"地球气候的物理模拟、量化变率和可靠地预测全球变暖"做出的贡献。气候变化科学从单纯的温室效应拓展到地球系统科学。气候变化科学建立在物理学的基础之上,并极大地受益于数学、化学和生物学的发展,以及高性能计算机、空基和地基遥测遥感技术的整体支持。未来的地球系统研究同样离不开理论和观测、多学科的交叉以及新技术的支撑。

2. 技术概述

科技高速发展的今天,人类上天、下海以及向地球深部进军的能力逐渐增强,各类探测器渐渐遍布天空、海洋、地表及以下,建立了庞大的观测网络,实时获取地球系统各圈层要素的信息。同时,随着超级计算机的出现,极快的运算速度和庞大的存储容量,使得人们可利用大数据、云计算等,进行横跨时空、结合微观宏观过程的数据分析,建立模型,推进地球系统科学的发展,帮助我们更好地认知地球的过去、现在和未来。

原始数据的获取技术之一——现代过程的观测体系,利用空海地一体化的调查技术,也就是通过天上卫星、陆表观测台站、海洋浮标、潜标和深潜器、地球深部探测等各类观测平台,获取地球系统各要素的数量、产状、结构、分布等基础要素信息。例如在全球层面,已建立了全球环境监测系统(GEMS)、全球陆地观测系统(GTOS)、全球海洋观测系统(GOOS)、全球气候观测系统(GCOS)、国际长期生态研究网络(ILTER)、通量观测网络(FLUXNET)和综合全球观测战略(IGOS)等,通过天上卫星、陆表观测台站、海洋浮标、潜标和深潜器、地球深部探测器等获取第一手数据。目前已更深程度地开展上天、入地和下海等的数据获取,扩张人类认知地球的边界。

中国是继美、法、俄、日之后世界上第五个掌握大深度载人深潜技术的国家。中国"蛟龙"号载人潜水器最大下潜深度达到了 7 020 m。自从 2013 年开展试验性应用航次以来,从海山到海沟,从冷泉到热液,从海底多金属结核区到结壳区,"蛟龙"号载人潜水器充分发挥了大深度下定点作业的优势,获取了一批以前依靠常规调查手段难以获取的高质量样品、数据和资料,在我国深海科学研究中发挥了重要作用。"蛟龙"号载人潜水器于 2020 年 6 月至 2021 年6 月执行环球航次。

3. 模型发展

地球上形成的各类岩石和沉积物忠实地记录了当时的地质过程及环境信息,是记录地球历史的"天然书籍",人们可以利用这些材料去重建地史时期的地球系统演变过程。所以地史资料是非常有科学价值的。洋壳比陆壳薄,因此大洋钻探有其优势,正帮助人们往更古老的地质历史延伸。而高精度仪器分析技术的进步,使得人们可以获取更高时空分辨率的地质信息。

在获取第一手原始数据后,需要对所发生的各个时空尺度的地球系统过程进行模拟,以更好认知地球系统不同圈层、不同过程、不同时空尺度的运行与演变规律。近年来,模拟和预测方面刚刚起步,但发展势头迅猛,在空间尺度上可以从分子结构到全球尺度,在时间尺度上可以从数亿年的演化过程到瞬间的破裂变形,构建地球的演变框架,理解当前正在发生的过程和机制,预测未来几百年的变化。

和地球系统科学发展一样,模型也是从气候模型开始,逐渐结合陆地、海洋、气溶胶、植被等数据,形成现在的地球系统模式,服务于可持续发展。2018 年 4 月,美国能源部(DOE)耗费四年时间构建了一个百亿亿次地球系统模型(E3SM)。该模型作为"第一个端到端的多尺度地球系统模型",能够模拟地球的地壳、大气、冰山及海洋运动,从而预测地壳、大气及水循环系统相互作用的方式。

三、地球保护

海洋地球化学成果最终是为气候、环境、生态、资源等问题提供解决途径的,为人类命运共同体的战略构想提供重要的理论和技术支撑。

2021年的世界气象日主题是"海洋,我们的气候和天气",希望以此来唤醒人们对海洋与气候变化之间关系的关注。多个气象机构发布报告称,2023年7月是地球12万年来最热的一个月,联合国秘书长古特雷斯称地球已从变暖阶段进入到"全球沸腾(Global Boiling)"时代。

地球系统科学发展要求:从"推测地球"到"预设地球""管理地球",也就是把地球的大气圈、水圈(含冰冻圈)、生物圈、岩石圈、地幔和地核以及近地空间视作密切联系的整体,并关注人类活动的影响,理解它们相互作用的过程和机理,保护地球和指导人类发展。

例如,对海洋碳汇理论的研究,有助于制定海洋CO_2负排放方案,以支撑双碳目标。生物泵、微型生物碳泵、碳酸盐碳泵三泵集成技术就是在海藻生长海域抛撒橄榄石、黏土矿物等,使其碱化并沉到海底形成厌氧环境。涉及滨海湿地增汇技术、渔业碳汇扩增技术、海洋微生物增汇技术、人工上升流增汇技术、海洋碳封存技术、海上风电技术、海洋能技术、耦合优化与前瞻性技术的技术体系都是在地球科学和气候学科理论基础上来发展的。有争议的海洋地球工程,如海洋施肥、人工上升流、人工海洋碱化、海洋云增白和海底造墙、海洋大型海藻造林、深海稳定碳池封存、农作物废料深海海底存放、建立大型人工岛等在对海洋功能认知有限的情况下,需谨慎实施。

另外,随着工业和社会的快速发展,一些全球性的环境地球化学问题逐渐凸显,如重金属环境污染、温室气体排放、持久性有机污染物污染、微塑料的环境和健康问题等。中国科学院沈阳应用生态研究所首次发现海洋酸化和污染之间的正反馈作用。海洋酸化增加了重金属生物可利用性和毒性,减少了有机污染的降解;重金属、石油等降低了海洋光合作用速率,过量氮磷引起的富营养化增强了海洋呼吸作用,进而加剧了海洋酸化。典型的持续性污染物PAHs广泛存在于海洋大气、水体和沉积物各环境介质,并积累在海洋生物体内,对海洋生态环境产生风险,因此对海洋环境中PAHs的来源、分布及生物地球化学和物理过程进行研究具有科学意义。

地球系统作为开放的动力系统,具有空间异质性和层次尺度关联性,必须以地球系统科学全息观综合考虑各子系统的相互作用,并侧重于化学动力过程,才能揭示环境变化规律,预测其未来趋势。其中,海洋地球化学的发展也是路漫漫兮,任重而道远。

思考题

1. 从地球系统角度论述海洋地球化学发展的特点。

2. 举例说明海洋地球化学对构建人类命运共同体所能起的作用。

3. 相比其他星球,地球为什么是"活生生的""有机整体"？试从圈层互动、动态稳定、自我调节等方面论述地球化学过程的特点。

4. 什么化学作用使地球走向独一无二的演化历程？

第二章

海洋沉积地球化学

在各种各样的海底上面,绝大部分被松散的沉积物所覆盖。这些沉积层具有约 500 m 的平均厚度。它是海洋中物质参与地球化学循环的中转载体,是某些海洋过程的见证者。沉积过路系统(Sediment Routing System)是物质流从陆壳到洋壳的中间环节。本章介绍沉积的整个过程——来源、沉积、成岩、俯冲中与化学反应相关的过程和环境。

第一节 ◉ 沉积物的来源和搬运

一、沉积物的来源

海洋沉积物有各种不同的来源,但就整个地球来看,海洋沉积物主要来源于大陆地区和海岸,由河流、冰川以及风挟带入海洋,和海洋生物的外壳及骨骼残骸一起,疏松地聚积在海底(见图 2-1)。

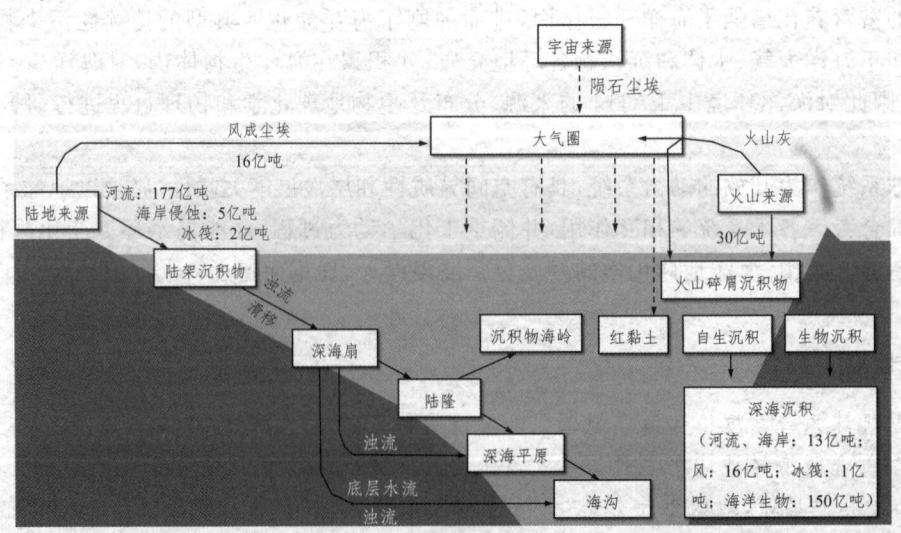

图 2-1　每年海洋沉积量

首先,海洋沉积物有大气来源。风从陆地上远远地将尘土和泥沙吹送入海。风成尘埃能提供白垩纪(盘古大陆完全分裂成现在的各大陆)以来全球大气环流演化信息。陨石迅速穿过大气层时熔化的物质凝固成直径 1/10～1/2 mm 的小球体进入海洋。当火山喷射时,直接把大量的物质喷射到海里去。较细的微粒往往被抛掷到高空中,然后被风散播到广大地区。火山灰的颗粒很小,能够继续在空中飘浮许多天,可以一直飘到好几百公里以外的地方。最细的粒级可以几个月落不下来。

其次,海洋沉积物有陆地来源。基岩风化产生的碎屑通过各种方式进入海洋,其中河流每年搬运来的沉积物有 177 亿吨,其中 15% 进入深海。1 000 年间就可以形成 3 cm 厚层。其一般颗粒较细,以黏土微粒为主。海岸侵蚀,特别是对石灰岩,每年产生 5 亿吨沉积物。冰筏沉积是负载沉积物的冰块在春夏之交被筏运到海洋中,冰块融化后沉积物坠落所形成的,是高纬度向低纬度的搬运。

再次,海洋沉积物有海洋来源。陆源沉积和生源沉积速率极低的深海环境,是由陆源黏土和粉砂组成的红黏土,有生物来源和自生沉积。动植物的残骸和介壳是海洋沉积物的最重要来源之一。自生矿物是以无机方式自水中沉淀,形成于大洋基底岩石水热蚀变和海底沉积物早期成岩作用的次生矿物。

二、沉积物的搬运

沉积物的搬运包括由陆到海,及至深海搬运。河流、风、冰川,把基岩风化成的碎屑搬运到海里。

首先,重力搬运使陆源沉积物进入海洋。海底滑坡形成泥石流、浊流。浊流是一种含大量悬移物质的海水顺海底运移的密度流。浊流中的悬移物质主要是砂、粉砂、泥质物,有时还夹带砾石。浊流在运移过程中,对海底有侵蚀作用,久而久之形成海底峡谷。对浊流的了解,起先仅限于砂质沉积,20 世纪 90 年代,发现海底细颗粒浊流沉积物,认识到除粗粒浊积岩以外,还有富含泥质的细粒浊积岩发育。

接着是深海浊流使深海沉积物搬运。所谓的浊积岩,是浊流停止流动,所含悬移物质沉积形成特定的粒级层序列形成的岩石浊积岩。1872—1876 年,英国"挑战者"号环球航次的采样,标志着深海沉积研究的开始。最早海底被认为是静寂、细粒,是沉积的终点。1929 年到1940 年及以后,发现深海的有递变层理的浊积岩,递变层理是浊流的标志,才推测出深海有浊流。再加上构造地质学、海洋学发现深海的确有沉积搬运的动力,由此产生认识上的飞跃,发现细颗粒重力流是深海沉积的常见形式。这在学术上被称为浊流革命,开创了现代海洋沉积学。

现代沉积海洋学进一步对深海浊流产生的浊积岩进行岩相分析和鲍马序列研究。利用的各种测试手段包括:反光显微镜、偏光显微镜、扫描电子显微镜、X 射线衍射(XRD)、差热、失重、红外光谱等。以此,观察和分析岩石的物相组成和显微结构。

陆源沉积物进入海洋的各种途径都是重力作用。但在深海,海底照片和沉积柱状样中都发现有海流的踪迹,在深海海底观测到的雾状层(nepheloid layer)也无法用浊流解释,由此出现等深流的概念。高能底部边界层试验(HEBBLE)在深海进行的现场试验,从沉积学角度揭示了深海动力学过程,发现深海"海底风暴",证实深海海流等深流。等深流的发现,是继浊流之后深海沉积学的又一场革命,同时,这又是技术手段的革命,是真正意义上的现场试验。

除了重力流和等深流之外,深海沉积的另一种基本形式就是远洋(pelagic)沉积过程。沉积物颗粒在水体中垂直沉降、速率极低,与浊流、等深流、碎屑流(泥石流)等完全不同。早先的概念是浮游生物尸体和悬移颗粒像雨点一样垂向降落海底,更准确的沉积捕集器使人们发现远洋沉积是一种脉冲式的"事件"过程,并非缓慢均匀下落,沉降结果可形成纹层沉积。生源颗粒占 70%～90%,并且从上而下向深处递减。

第二节 ◎ 沉积的物理化学过程

一、分异与风化

陆源沉积物受母岩性质、风化程度和沉积过程中的动力分选控制。在通过相应的沉积之后,各类矿物质有序、分类别地沉积,最后形成相应的矿层,这种现象就叫作沉积分异作用。

浊流使沉积物形成层理的动力学特点是:海进形成自下而上为砂岩、泥岩、石灰岩的垂向沉积序列;海退形成自下而上为石灰岩、泥岩、砂岩的垂向沉积序列。

除了浊流作用,沉积中发生风化也产生分异作用。花岗岩由石英、斜长石、碱性长石和黑云母组成。斜长石和黑云母与酸水反应生成黏土。石英相对稳定得多。最终花岗岩被风化成石英和黏土矿物组成的沉积物。酸性水与碱性长石接触,化学反应十分缓慢,反应生成的钾离子与硅酸分子溶于水中。最终长石颗粒完全风化,只剩下高岭石组成的黏土。

岩石风化程度为:玄武岩＜花岗岩＜未风化的长石＜页岩(黏土为主)＜高岭石、绿泥石。矿物组成中长石稳定性小于石英,因此风化中 SiO_2 的质量分数逐渐增大,而 TiO_2、FeO、MnO、MgO、CaO、Na_2O 和 Al_2O_3 的质量分数逐渐减小。从岛弧环境到被动大陆边缘,风化程度增高,石英逐渐增多,长石逐渐减少。元素风化顺序为:Ca、Na 和 K 通常会首先从长石中析离,Al 相对于 Ca、Na 和 K 富集;高场强元素以及部分大离子亲石元素不活泼,如稀土元素。

分异规律的研究结果有助于揭示沉积物来源、沉积过路环境特征。例如:西大西洋群岛红土的稀土元素(REE)组成揭示其物源主要来自岛弧区域的火山灰和非洲大陆的风尘,而非传统认识上的本地火成岩和深成岩以及碳酸盐岩的风化残余组分。大洋岛弧和大陆岛弧轻微富集轻稀土元素(LREE)且没有出现 Eu 异常,活动大陆边缘出现轻微的 Eu 负异常,被动大陆边缘则出现明显的 Eu 负异常和 LREE 富集。在氧化条件下,Ce^{3+} 易被氧化为 Ce^{4+} 而被氧化物胶体吸附沉淀,使海水呈现 Ce 亏损;反之,在还原条件下,海水 Ce 亏损不明显,甚至轻微富集。基性岩常呈现 Eu 正异常,酸性岩常呈现 Eu 负异常。LREE 在风化过程中较重稀土元素(HREE)不易发生迁移,质量比(LREE/HREE)反映陆源碎屑输入的变化情况。

二、化学组成

沉积化学的研究主要是:了解沉积物的成因;估计物质在海底液-固界面上的收支状况;查明金属(如铜、镍、钴等)在多金属矿中的富集机制;预测沉积在深海底部的污染物的最终产物等。以下概述沉积化学发生的环境。后续各章将介绍跟沉积相关的各类化学过程。

沉积物固体化学组成有硅铝酸盐碎屑、微量元素、放射性同位素、有机物、营养元素。从大陆带入海洋的硅铝酸盐碎屑组成有石英、正长石、斜长石、高岭石、伊利石、蒙脱石、绿泥石等。

其在沉积过程中会吸附海水中的一些微量元素。放射性同位素主要是一些半衰期比较长的天然体系,例如铀系和钍系。由于生物圈参与沉积物的形成过程,海洋沉积物含有数量不等的有机物。海洋沉积物中,有机物所占比例较小,总有机碳(TOC)为 $0.1\% \sim 10\%$,但沉积物是有机质的主要存储库。有机物是沉积物化学过程的控制因素,尤其是对微量元素的吸附作用。有机质分解过程驱动碳、氮、磷、硫和重金属等元素以及持久性有机物的循环,维持生态系统健康和平衡。它们以各种不同形式存在于沉积物的不同部位,包括可溶形式和可交换形式。沉积物作为上覆水营养盐源汇,与营养盐含量、沉积物理化性质(粒径、组成、温度、盐度、pH、溶解氧和有机质等)以及水动力等具有密切的关系。

沉积物还有一个重要的部分,就是沉积物中间隙水的化学组成。由于界面上水的结构化、离子排斥现象、兼氧生物的活动以及与沉积物的离子交换和吸附过程的存在,海洋沉积物中间隙水/孔隙水和上覆水的化学组成有显著的差别。间隙水总组分盐度高、酸度低,电解质浓度随深度的增大而降低。近岸沉积物中间隙水组分变化很大,且会被污染。间隙水中硅的浓度受红黏土的控制,也受硅本身的溶解度和在硅藻泥中的向上扩散作用所支配。微量元素(Cd、Cr、Cu、Fe、Hg、Mn、Ni、Pb 和 Zn)的迁移受氧化还原条件、溶解氧和亚硫酸盐浓度的控制,主要由铁\锰黏土矿物的解吸作用以及在络合物形成过程中释放出来的。营养物质在沉积物中有机物降解时释放到间隙水。沉积物内营养物质的再生决定其在间隙水中的浓度。细菌的活动使磷酸铁、磷酸钙、磷酸氢钙和磷酸镁发生增溶作用。NH_3 和 P 有浓集,浓集系数可达 10 倍或更高,由有机物腐败引起。SO_4^{2-} 在缺氧海区的间隙水的含量($2 \sim 3$ mmol/kg)比海水的(55 mmol/kg)低得多。

三、界面反应

沉积化学发生在海水-沉积物界面。该界面不是抽象的一个平面,而是具有一定厚度(约 10 cm)与复杂结构的区层。其通过吸附、包夹、容纳和着生等作用,累积着水体中大部分种类和数量的物质,在动力再悬浮、好氧/缺氧和生物作用等过程中,在界面附近发生着物质迁移转化。海水-沉积物界面的另一特点是多处于相对稳定的状态。界面沉积物的酸碱性、溶解氧、氧化还原电位(Eh)和温度等相对稳定,水动力处于或接近处于静态环境。沉积物吸附、包夹和结合的物质与上覆水和间隙水中相应的(游离态)物质,在热力学和生化动力学系统的支配下处于一种动态平衡。这样稳定状态下的活性态物质在沉积物内部和沉积物-水界面分布的精细表征对迁移转化规律的揭示尤为重要。近海表层沉积物极少处于静止状态,水动力引发沉积物再悬浮。沉积物中物质可能会释放,并在各介质中重新分配。再悬浮会导致好氧微生物活性升高,影响其在悬浮颗粒物上的转化作用。现场调查、室内模拟和临界剪切力计算是定量研究沉积物动力再悬浮的主要途径。

界面反应包括液-固界面的交换-吸附过程、溶解-沉淀过程、络合作用、氧化-还原过程、酸-碱作用等热力学过程,以及物质迁移和扩散等动力学过程。沉积物能够吸附海水中微量元素,粒子越小,吸附量越大。较细的深海沉积物比起较粗的近岸沉积物含有较多的微量元素。海洋沉积物中微量元素主要来自吸附过程而不是生物。通过缓慢吸附于生长而形成的锰结核中微量元素含量特别大。沉积物还吸附溶解态有机物(氨基酸、腐殖酸)而带负电荷。界面具有活性基团、无机阳离子,与海水中的金属元素形成价键而发生离子交换。离子交换速率与被置换物浓度正相关,海水中含量较大的阳离子如钠、镁在沉积物中的富集主要依赖于离子交换。

氧环境是沉积物中生源要素的环境行为的重要影响因素,特别是对价态变化的生源要素(如氮等)的生物地球化学作用更为重要。对沉积物内部和表层氧含量的精细性表达可提高对可变价态元素转化机理的研究水平。沉积环境受生物(如微生物、藻类和底栖生物等)的影响很大,甚至会是主导性的。界面处生物主要是通过对表层沉积物中物质的分解转化和吸收等内部活动作用的。生物进入沉积物内部可能会产生物理性破坏。底栖生物扰动的物理改造(如掘穴、钻孔和觅食等)可破坏到 10 多厘米深处的沉积物结构,从而影响沉积物-水界面附近物质的迁移转化。

第三节 ◉ 成岩化学与地质改造

一、成岩作用

沉积物的化学组分受陆源物质的影响最大,海洋过程产生的组分(生物相、热液相和自生相)会稀释陆源物质。之后,其物质会受到沉积后作用的影响,如成岩作用、热液蚀变作用。

成岩过程是指沉积物在沉积和埋藏过程中所发生的各种过程,包括沉积物与上覆水接触时以及与上覆水脱离接触以后所发生的变化,最终形成坚硬的沉积岩。沉积岩占岩石圈的 5%,分布面积却占 75%,大洋底部几乎全部被沉积岩或沉积物所覆盖。

在成岩过程中有五类作用:氧化还原作用、自生作用、胶结作用、扩散作用和压紧作用。沉积物向深处埋藏时,逐渐被新的沉积物覆盖,矿物之间互相压实,最终矿物颗粒被压至顶面平行,孔隙度会下降。压紧作用是沉积物转变为沉积岩的一种机制。随着间隙水中溶解的离子量增加,溶解度达到饱和。如果钙离子和碳酸根离子浓度高,就会形成方解石。方解石沿着颗粒边缘在空隙中不断结晶生长,就会逐渐将砂粒连接在一起。这是发生了胶结作用。砂粒不同,部位承受压力也不同。由于颗粒相邻部位的压力较高,接触部位的物质会发生溶解,这是压力溶解。当溶解物从砂粒之间的接触带转移到砂粒间孔隙时,压力降低而发生沉淀。

成岩反应只发生在沉积物-水的界面,物质通量为颗粒和间隙水。成岩反应与间隙水化学性质密切关系,其组成随深度和时间而变化。深度的影响在于沉积速率、氧化电位和有机物质的量。

在松散沉积物的深埋—压实—成岩过程中,伴随着压力、温度、pH、Eh、孔隙度的变化以及间隙水的排出和形成,会引起某些元素的重新迁移和再分配,甚至有些元素可以高度集中而形成矿产。Fe、Mn 沉积后,在深层被还原为 Fe^{2+}、Mn^{2+} 溶于间隙水,因浓差而向上扩散,至表层被氧化而富集,持续进行而形成铁锰结核。可见,间隙水是使元素富集、迁移的重要介质。80%的矿产资源在沉积岩中,例如:锰结核、滨海砂矿、海底石油、天然气、可燃冰等。

二、地质改造

沉积物在沉积前后会不同程度地受到同期或后期地质作用的改造。沉积物是一类由物理、化学、生物互相作用而产生的地质体。

垂直的构造作用使物源区抬升或下降,同时混入不同年龄的沉积物;水平的构造作用使物

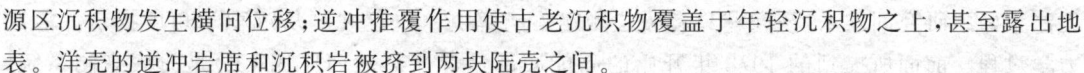

源区沉积物发生横向位移;逆冲推覆作用使古老沉积物覆盖于年轻沉积物之上,甚至露出地表。洋壳的逆冲岩席和沉积岩被挤到两块陆壳之间。

岩浆沿着沉积岩的裂隙上升,在垂直裂缝中结晶形成侵入体的岩浆称为岩脉;侧向贯入两套沉积层之间的岩浆形成岩床,到达地表后结晶的岩浆称为喷出岩。

在两块大陆的汇聚过程中,俯冲大洋板块从海沟下潜时被上盘板块刮削下来的沉积盖层和洋壳碎片,连同板块上的深海沉积物可堆积到海沟的向陆侧形成增生楔形体和混杂堆积,是一种构造作用形成的堆积。增生楔从海底被擦掉,临近大陆边缘的沉积物被侵蚀掉。

第四节　◎　沉积岩的俯冲

海洋物质的源-汇过程不仅仅是海底边界层的沉积过程,也涉及深部物质循环,即包括深部源-汇过程。洋壳俯冲会产生两种截然相反的现象:产生增生楔形体,使得沉积物保留下来;或不产生增生楔形体、沉积物随洋壳俯冲消失于地幔中。增生楔形体和混杂堆积大部分会随着板块进入地幔而消耗。

俯冲的速率为 $0.5\sim0.7\ \text{km}^3/\text{a}$。其组分在增生边缘与上地壳相似,在非增生边缘海洋过程中产生的组分占比增大。沉积物是最易发生脱水作用的俯冲物质。俯冲中沉积物以流体、熔体或者超临界流体的形式造成汇聚边缘地区岩浆组分的差异,对俯冲带地区地壳新生演化、岛弧火山作用产生影响。沉积物的俯冲对地幔不均一性的形成做出贡献。

现代技术中的同位素示踪技术可显示岩浆过程,高温高压实验揭示了俯冲沉积物圈层间的作用,通过计算得到更准确的俯冲残余组分,可揭示沉积物俯冲的动力学机制、大陆地壳的形成演化过程。岛弧火山岩组分的变化可以与古海洋事件相联系,有助于理解地壳演化过程。

综上所述,沉积物的整部循环过程包括:岩石升高,高于海拔后被侵蚀,产生碎片被带走,通过各种途径作为沉积物沉降,硬化成沉积岩,然后被压缩和加热形成变质岩,或融化成火成岩。从来源到俯冲,沉积物循环占据岩石循环的主要过程。

第五节　◎　沉积过程研究概述

一、数据获取

传统采样靠抓斗获取表层样品,用拖网得到较大样品,用挖泥器挖掘浅层样品,靠钻探进行深海样品采集。这样采集的结果得到的是静态数据。用沉积捕集器定期捕集沉降物的方法可进行沉降动力学研究。过去对远洋沉积进行“蜻蜓点水”式采样,带来的陈旧观念是认为沉降过程是均匀、缓慢、被动的。用沉积捕集器定期捕集后,发现沉降过程随深度向下递减。深海沉积是脉冲式的“事件”过程,和季节等相关,其中生源 $70\%\sim90\%$,因为和四季相关,所以会出现纹层。

深海沉积的主体是细颗粒物,而采样分析的办法必然破坏聚合体,使得粒度信息失真,也无法很好地研究间歇水,该问题只有原位测定才能解决。原位观测从沉积学角度揭示深海动力学过程。前面所提到的 1978 年开始的高能底部边界层试验(HEBBLE)是海底观测系统,是把实验室设到海里去,对沉积过程进行原位、长期、连续观察。该系统采用的是光学或者声学原理原位测定悬移物,实时获取沉积颗粒浓度、粒度分布的信息。

当前,海洋科学正在经历着从外来"考察"到原位"观测"的重大转折。将传感器设在海底,用光缆联网供电和传递信息的联网的海底观测系统将能对海底以下的岩石、流体和微生物,以及大洋水层的物理、化学与生物过程,进行实时和连续的长期观测。这是一场从海洋采样回实验室分析、发展到"把实验室设到海里去"的转折,包括深海沉积学在内的海洋科学,都将相应发生革命性的变化。

二、研究思路

除了上述技术手段的发展,海洋沉积化学的发展特点是:一个"从源到汇"的大系统,从山区剥蚀、河流输送入海开始,到最后形成海底地层为止,其中包括现代过程的观测、地层记录的分析和过程的数值模拟等内容。其主流研究是进行大型研究,特点是:都在大陆边缘,针对海陆之间物质交换;都有跨时间尺度、跨学科的特点;都是通过整体研究(从河流流系到洋底)揭示机理;都是从现场观测到数值模拟的系统研究。典型的 Strtaoform 计划的研究内容有:在时间上,从秒级波浪周期到 10^7 年地层周期,提供大陆-大洋间不同时间尺度上的沉积过程;在空间上,将陆架与陆坡整合、现代过程与地层记录整合,进行跨时空尺度的研究,揭示机理。其研究思路是:通过学科整合,采用跨学科手段,将短期沉积研究成果和长期地层记录诵讨数值模拟结合起来,弥补之间的缺口,以获得大陆和大洋之间沉积过程的具体图景。

📖 思考题

1. 海洋沉积物的形成需要经过哪些过程?搬运过程有什么特点?
2. 海洋沉积物有哪些类型?远洋沉积物有什么特点?
3. 海水-沉积物界面反应的特点是什么?
4. 沉积物在成岩过程中发生了哪些变化?
5. 沉积物对地球内部过程有什么影响?

第三章

海洋元素地球化学

地球是由各种化学元素组成的。在地球系统的各种地质作用形成宏观地质体的过程中，基本的化学特征表现为元素的循环和再分配产生的结果。海洋元素地球化学就是从化学方法所不能分解的最简单的物质组成——元素这一角度研究海洋地球物质、能量的变化规律。这是方法论中的分析法在化学中的应用，是研究海洋地球化学的基础。同位素因具有强大的指示作用而成为海洋元素地球化学中的重要部分。现代海洋元素地球化学需要结合地球系统学来发展元素化学。本章通过地球元素分布特点及其释读，揭示地球化学动力学过程。

第一节 ● 元素循环与分布

一、概述

1. 海水中的元素

海水中已检出 80 多种元素，含量差异很大。其中，O 占 85.8%；H 占 10.7%；Cl 占 2.0%；Na、Mg 等占 1.5%。从化学成分角度来看，水占 96.5%；溶解盐占 3.5%。后者中，Cl^- 占 55.06%；Na^+ 占 30.61%；SO_4^{2-} 占 7.67%；Mg^{2+} 占 3.69%；Ca^{2+} 占 1.15%；K^+ 占 1.10%；其他占 0.72%。

根据在海水中的状态和行为特征，元素有几种分类方式。海水中溶解元素根据其含量在垂向上有无明显变化分为保守元素和非保守元素。保守元素是非反应活性或低地壳丰度的，大多数海水主要成分是保守性的，在海水中滞留时间长。非保守元素含量在海水中垂向上的差异是由于其参与了化学过程、生物过程或地球化学过程，如生物摄入、清扫作用、热液输入等。非保守元素由此可进一步划分为营养元素、清扫元素和其他元素三种类型。营养元素是指构成生物组织或生命必需的元素，主要包括 N、P、Si、C、Ba 及 Cu、Zn、Cr、Ni、Ge、As、Se、Ag、Cd、I 等。清扫元素易被悬浮物吸附、络合、螯合或通过离子交换而进入沉积物中，主要包括过渡元素、铜组元素、稀土元素等。

Barth 分类是按在海水中滞留时间 τ 分类的。$\tau \geqslant 10^5$ 年，是元素周期表中第一、二、六、七主族元素，包括阳离子和阴离子。τ 短的元素，在海水 pH 条件下易水解，如 Al、Fe、Cr 等元素。τ 在 10^4 年左右的过渡元素，主要为微量元素，如 Cd、Zn、Hg、Cu、Co、Ni、Se、Sb 等。其特点为:易形成配位化合物、存在形式复杂、易被吸着因而含量低。受生物作用影响,τ 较长(10^4 ~ 10^6 年)的元素,具有不保守性质。元素的化学反应活性越大,滞留的时间越短,越易进入沉积物;反之,亦然。海水中具有较长滞留时间的元素,常常作为研究海洋物质组成演化或沉积作用的示踪剂。

2.地壳中的元素

地壳中造岩元素为:O、Si、Al、Fe、Ca、Na、Mg,占地壳总成分的 99.4%。其存在的基本形式为:硅酸盐、铝硅酸盐、碳酸盐矿物,这是岩石的基本成分。而微量元素的地球化学循环、沉积环境和生物发育之间发生着复杂的相互作用,对重要地质事件具有重要的影响,其分布特点具有指示意义。

根据在岩石中的状态和行为特征,地壳中的元素有几种分类方式。根据岩石熔融时的趋向,其分为相容和不相容元素。前者是岩石熔融时趋向结晶矿物相或残留相,留在原岩,如 Ni、Co、V、Cr;后者则在岩石熔融时趋向熔体相,离开原岩,如大离子亲石元素、高场强元素。大离子的半径大,电荷低,易溶于水。亲石与氧的亲和力强,主要以硅酸盐或其他含氧盐和氧化物集中于岩石圈中。场强是指离子半径与离子电价的比。场强>0.2 的不相容元素为低场强元素;场强<0.2 的不相容元素为高场强元素。前者活动性较强,有流体相时容易发生迁移,可作为"演化"的示踪剂,如:K、Rb、Cs、Ba、Sr、Pb^{2+}、Eu^{2+}(Th、U)等;后者在变质和蚀变中相对稳定,可作为"原始"的示踪剂,如:Nb、Ta、Zr、Hf 和 Ti、P、REE、Pb^{4+}、Th、U、Ce 等。

影响元素分布的因素有:母岩成分与风化强度、迁移形式与沉积分异、沉积-埋藏环境、成岩作用中的元素再分配等。不同元素的风化强度不同,如:Cl、S>Ca、Mg、F>Al、Fe、Ti。迁移形式与沉积分异涉及机械、化学、生物过程,没有一个简单的规律。

二、主要元素

1.氧元素

氧(O_2)在地壳、大气、水圈和生物圈中都有着极大的丰度,在地球中排第二(28.5%)、地壳中排第一(46.6%)、大气中排第二(23.2%)、海洋中排第一(85.8%),因此氧循环在各圈层复杂关联中起着非常重要的作用。

氧是第 6 族元素,最外层有 6 个电子,具有较高的电负性。在 20 亿年前的地球上,基本没有游离态的氧气,目前也是 99.9999% 锁在岩石里。岩石中的氧列于首位的状态是硅酸盐中 SiO_4^{4-} 四面体的状态,占 95%。岩石中其余 5% 的组分也大多含氧,如石灰岩中的碳酸盐(CO_3^{2-})、蒸发岩中的硫酸盐(SO_4^{2-})、磷酸盐岩石中的磷酸盐(PO_4^{3-})等。岩石风化后,SiO_4^{4-} 以原形随水流迁移到海洋,进入海底沉积物,甚至重新返回陆地,因此,地壳中存在的氧可看成具有化学惰性。

游离氧具有很强的化学活性,影响能与之反应的其他元素的地球化学循环。其中与碳循环的联系最为重要,其耦合过程影响气候系统和生物系统。由于氧是生命体系中重要的元素,大气和海洋中的氧含量的演变是复杂生命出现、动物进化的主要驱动力。氧循环与硫循环联系密切,影响大气氧含量和海底氧化还原状态。

图 3-1 所示为现代地球系统的地质时间尺度上的 O_2 的收支。大气中 O_2 的源有:有机碳和黄铁矿的埋藏。大气中 O_2 的汇有:被埋藏的黄铁矿和有机碳在构造隆升带回地表后被氧

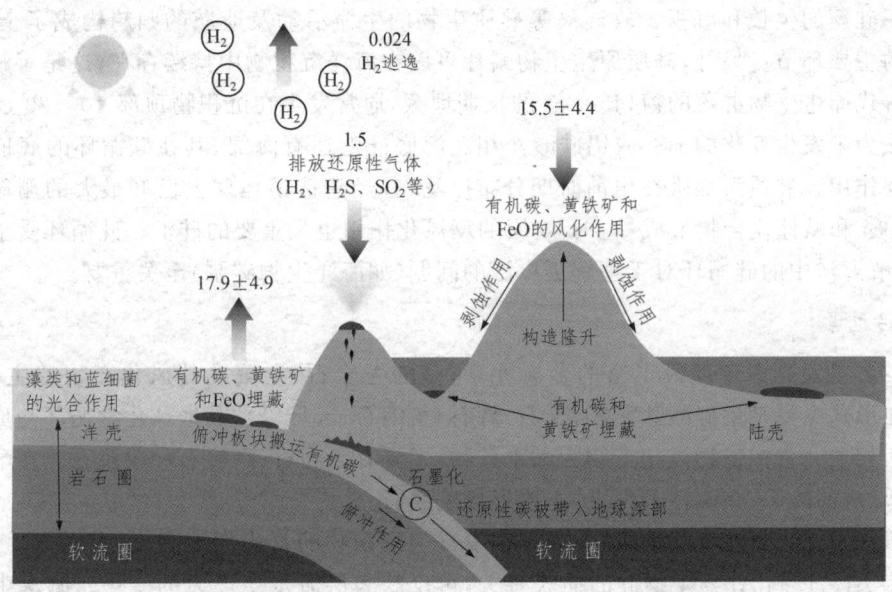

图 3-1　现代地球系统的地质时间尺度上的 O_2 的收支

化,主要来自地表火山和洋中热液喷发还原性气体。

在光合作用中,有机碳是与 O_2 同时产生的。光合作用产氧,有机物氧化耗氧。所以光合作用不产生净的源。在地质时间尺度上,只有当有机碳被埋藏并最终固化成岩石,不再与 O_2 发生反应才是大气 O_2 的净来源之一。黄铁矿的形成也依赖于有机碳的还原性,因此厌氧微生物通过硫酸盐代谢有机物并产生硫化物(通常为 FeS_2)埋藏在沉积物中也可视为大气 O_2 的源。埋藏的有机碳被氧化是大气中 O_2 的汇之一,和有机物的埋藏一起,可分别看成地质的呼吸作用和光合作用。

与氧循环相关的地球演化中的重大事件主要有第一章所述的大氧化事件、生物大灭绝、现代海洋脱氧风险。五次物种大灭绝中的四次(奥陶纪-志留纪灭绝事件、泥盆纪晚期灭绝事件、二叠纪-三叠纪灭绝事件和白垩纪-古近纪灭绝事件)与海洋缺氧相关。O_2 在现代海洋中的总量仅为大气中的 0.6%,自 20 世纪中叶以来海洋溶解氧的下降已经对海洋生态系统的生产力和生物多样性构成严重威胁。在过去的 50 年中,缺氧海域的数量增长了 4 倍。在局部地区,海水中的 O_2 已经减少了约 40%。海洋脱氧的原因有:海洋变暖和海水富营养化。

2. 硅元素

硅(Si)在宇宙中含量排第七、地壳中含量排第二。硅分布很广,从地壳向地核含量下降,不能大量集中到深处。海水中硅含量变化很大:在海水表面含量为 $<1\times10^{-6}$;在深水中含量为 $(6\sim9)\times10^{-6}$。碎屑沉积物中砂岩和砾岩的 SiO_2 含量为 $65\%\sim95\%$。有些石英砂岩几乎是纯的 SiO_2(99.99%)。

硅的地球化学过程包括岩石风化过程、生物过程和沉积过程。表生带中的水、氧和碳酸是促使岩浆岩中硅酸盐矿物分解的主要因素。成岩硅(LSi)的风化作用和生物硅(BSi)的溶解作用是海洋溶解硅(DSi,主要形式是 H_4SiO_4)的来源。DSi 可直接被生物利用,是海洋初级生产的一个重要组成部分,其中很大部分由硅藻组成,也是决定硅藻生长繁殖的限制因素。硅质生物如硅藻、放射虫、含硅质海绵和珊瑚等活着时积累硅,死后释放无定型 SiO_2。近一半硅汇可归因于硅藻的生长和沉积。故硅藻等硅质生物的生命活动及遗骸的归趋构成了全球硅-碳共循环的主要环节。另外,硅质原生生物鳞片可以在海洋沉积物中持续存在,这是了解现代和可能的古代原生生物群落的窗口。BSi 的长期埋藏,通常发生在沉积物顶部 10~20 cm 以下。初始埋藏为未发生变化的 BSi 或铝硅酸盐相。海底硅汇还有海绵,其在硅循环的底栖耦合中起着重要作用。硅质海绵礁在史前时期分布广泛,曾经建造了地球上已知最大的珊瑚礁。河口海湾 BSi 和碱性化合物形成黏土新岩层的反风化作用也是重要的硅汇。硅循环受生物作用很大,了解海洋中的硅循环对于理解更广泛的问题(如海洋生物碳泵)至关重要。

3. 铝元素

铝(Al)是地壳中含量最丰富的金属元素,是陆壳岩石、土壤及其风化产物的主要成分。铝的存在形式主要是铝硅酸盐矿物(长石、辉石、角闪石、云母等),其地球化学循环与成岩成矿作用密切相关。含铝矿物风化产物为黏土矿物,主要有伊利石、高岭石和蒙脱石。在酸性条件下,主要形成高岭石;在碱性条件下,主要形成蒙脱石。

在海水中铝含量在 nM 量级,一般海水中自生沉积物的富集度不高,但存在自生铝富集,称为过剩 Al。过剩 Al 与生物硅的捕获有关,可反映表层海水生产力的变化。海水中的溶解铝影响硅藻的生长,与海洋硅藻生物硅之间存在界面反应,可形成硅藻驱动的硅-铝地球化学共循环。同样,由于存在生物作用,铝与其他参与生命过程的元素也发生共循环。例如,最新提出的基于铁假说的碳汇形成机制之铁-铝假说,说明铝与碳循环也有关系。铁假说认为在南大洋等高营养盐、低叶绿素海域添加少量铁可显著促进浮游植物生长,促进海洋固碳。但人工施铁效果只有自然施铁的 1%~10%。研究发现,过去 16 万年间南大洋铝输入量与大气 CO_2 浓度存在显著的负相关关系;^{14}C 示踪结果证实了向海水中添加痕量铝(如 40 nM)可提高硅藻的净固碳量 10%~30%,降低有机碳的分解速率 50% 以上。据此估算向海洋添加 40 nM 甚至更低浓度的铝会使输入到深海 1000 m 的颗粒有机碳量增加 1~3 个数量级,显著提高海洋碳汇能力,进而影响气候变化。可见,自然施铁的同时还包含铝等其他元素,这也说明降尘中自然施铝会促进地球冰期的形成。

4. 铁元素

铁(Fe)是地壳中丰度最高的过渡族金属元素,是主要造岩元素,是调节硅酸岩地球氧化还原状态的关键因素,也是生物体活动所必需的元素。铁广泛参与地球表层圈层所涉及的物理、化学和生物作用,以及与其他生命关键元素(如:C、N、P、S)的耦合作用,调节海洋初级生产力,并驱动着海洋生物地球化学循环。

在具有较高氧含量的现代海水中,Fe^{2+} 极易被氧化为 Fe^{3+} 并形成铁氧化物沉淀。在具有较低溶解氧的前寒武纪海洋中,富集大量溶解态的 Fe(II)[中性水体中 $Fe(OH)_2$ 的溶解度可达 7.2‰]。Fe 在前寒武纪海洋中的滞留时间比在现代海洋中的长。

海洋是地表 Fe 循环的核心枢纽。前寒武纪海洋中 Fe 循环和条带状铁建造(BIF)及其消失相关(见第四章)。现代海洋中 Fe 来源主要有河流、海底热液、沉积物再循环和大气沉降物等,其中大气沉降的贡献尤为重要。在大陆边缘沉积物中,Fe^{3+} 作为电子受体在铁还原细菌的作用下利用有机物代谢产生的电子被还原为 Fe^{2+}。沉积物间隙水中其他还原性物质也可以完成此过程。间隙水中游离的 Fe^{2+} 浓度因此而显著升高。间隙水扩散到上覆水时,一部分 Fe(II)被重新氧化进入到沉积物中,另一部分随上升流运移至表层海水。现代海洋中 Fe 汇主要有海洋碎屑沉积物、铁锰结壳、碳酸盐岩、生物体等。其中,海洋碎屑沉积物主要来自河流输运、大气沉降以及生物碎屑。洋底热液或者溶解态的 Fe 通过复杂的化学沉积过程可形成铁锰结壳;溶解态的 Fe 通过碳酸盐化作用形成菱铁矿和铁白云石等沉积矿物。

5.镁元素

镁(Mg)的丰度在地球中排第四位,在陆壳中排第五位,在海水中排第四位,在地幔中排第一位。镁是主要的造岩元素、生物必需元素,具有较强的流体活动性,是连接大陆、海洋和地球内部循环的重要纽带。镁广泛参与各圈层的各作用,如:生物作用、大陆风化、碳酸盐岩沉积、洋壳蚀变,以及板块俯冲等。碳酸盐岩是 Mg 的主要储库。镁循环常与碳循环伴生(见图 3-2),调控全球碳循环并最终影响全球气候变化。

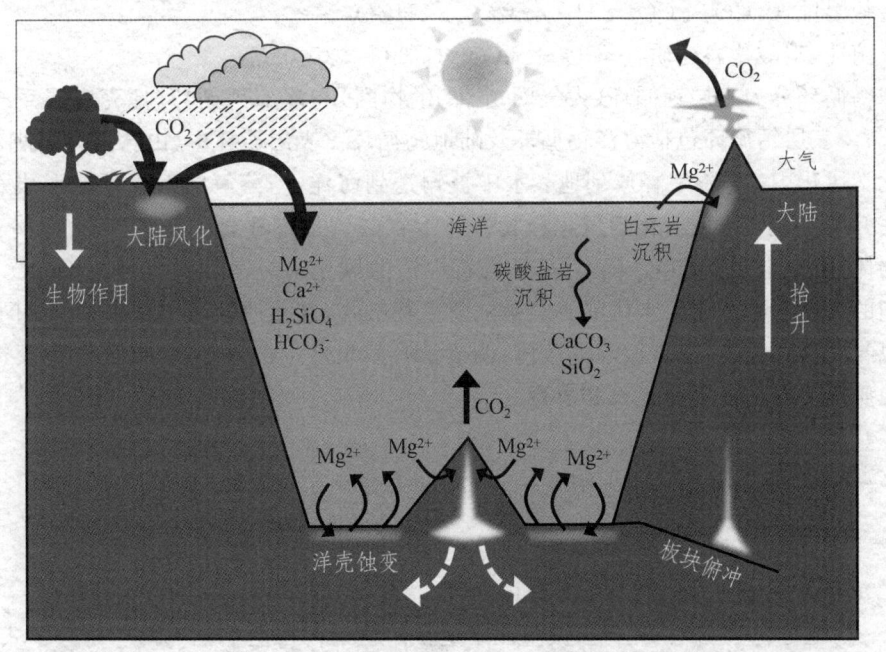

图 3-2 全球镁循环(与碳循环伴生)

海洋中的 Mg 主要来自大陆风化作用并通过河流输入,通过洋中脊热液循环、碳酸盐岩沉积,以及黏土矿物的离子交换作用等过程被移除。碳酸盐岩是时空分布最为广泛的海相沉积岩,是 Mg 的主要储库。Mg 作为碳酸盐岩的重要组成元素之一,参与了碳酸盐岩的沉积-成岩过程。例如,在海水白云石化过程中,海水中的 Mg^{2+} 通过扩散作用进入到表层沉积物中,与碳酸盐岩的沉积同时持续进行。碳酸盐岩沉积-成岩过程详见第四章。

热液携带了大量可溶物质,与围岩的成分会进行物质成分交换。40% 的海水 Mg 通过低温洋壳蚀变作用被固定,形成蒙皂石和蒙皂石/绿泥石的混合层,是主要 Mg 汇之一;在更高的温度(≥200 ℃)下则形成绿泥石和阳起石等矿物。

反风化作用是指通过以下反应形成自生黏土矿物的过程:生物硅(SiO_2)＋金属氢氧化物[$Al(OH)_4^-$]＋溶解阳离子(K^+, Mg^{2+}, Li^+, etc.)＋碳酸氢盐(HCO_3)→新黏土矿物＋H_2O+CO_2。形成的自生铝硅酸盐是重要的 Mg 汇。Mg 从间隙水中被净吸收,而钙和其他阳离子释放到间隙水中。由于释放 CO_2,因此反风化过程对海洋酸度有重要影响。

6.钙元素

在地球陆地表面,钙(Ca)在各个圈层尺度上都是一种关键元素:可溶于水,又是海洋中碳主要矿物库($CaCO_3$)的主要成分;是生物营养元素;是各种带壳水生生物的基本组成元素。原生含钙硅酸盐矿物通过风化,形成碳酸钙沉淀,并封存碳;富含钙的贝壳和骨骼最终可成为海底钙沉积层。

现今海水的钙浓度处于稳定状态,浓度平均为 412 mg/dm^3,停留时间为 1 Ma。海水中的钙源包括由于风化作用所形成的河流输入、海底热液、白云石 Mg-Ca 交代等子系统;钙汇主要是生物残体固结成岩所形成的碳酸盐。涉及地球化学反应的有:

硅酸盐风化:$CaSiO_3 + CO_2 \rightarrow CaCO_3 + SiO_2$

碳酸盐溶蚀:$CaCO_3 + CO_2 + H_2O \rightarrow Ca^{2+} + 2HCO_3^-$

板块俯冲,碳酸盐岩变质:$CaCO_3 + SiO_2 \rightarrow CaSiO_3 + CO_2$

全球钙循环分为表层钙循环(大气圈-水圈-生物圈)和深部钙循环(地壳表层系统－地球壳幔系统)。表层钙循环包括海洋钙循环及陆地钙循环。表层循环中,山脉的隆起使含钙岩石暴露在化学风化中,将 Ca^{2+} 释放到地表水中被输送到海洋,与溶解的 CO_2 反应形成石灰石沉积到海底并发生成岩作用。化学风化释放的每一个 Ca^{2+} 最终都会从表层系统(大气、海洋、土壤和生物体)中夺走一个 CO_2 分子。可见岩石中钙的风化从海洋和大气中清除 CO_2,对气候产生强烈的长期影响。进入水体的钙会被陆海生物吸收,部分遗骸沉积海底。可见同镁循环,钙循环也与碳循环伴生,是碳循环的载体,调节长时间尺度上的碳循环,并通过负反馈作用使地球在地质历史上适合生命生长和发育。

三、微量元素

1.分布特征

微量元素是指仅占地球组成部分的 0.01% 的 80 余种元素,含量一般在 $1 \times 10^{-8} \sim 1 \times 10^{-88}$。在地球化学和地质学中,微量元素是在矿物中存在但不记入该矿物分子式的元素,包括稀土元素。

微量元素经过大陆风化、河流风尘输运、冰川融化、火山活动和热液活动等进入海洋。海水中的微量元素与其他系统有 4 个交换界面:大陆径流、海洋沉积物、大气和洋壳。海水中的微量营养元素刺激了海洋的生产力,参与了生物地球化学过程,形成海洋"内部循环"。微量元素的形态有溶解形式、胶体形式和颗粒形式,涉及的过程包括:在透光带被生物吸收以及当生物遗骸降解时被释放到海水中,通过海洋环流重新分配,进入海洋沉积物中的最终储库等过程。海洋中微量元素变化、沉积环境演变和生物演化之间存在协同机制,在较长的地质时间尺度上,显著影响了其他生物元素(C、O、H、N 和 S)的循环。

2.指示特征

铁建造、黑色岩系同沉积黄铁矿等载体中的微量元素记录了海水中微量元素在地质时间尺度上的分布特征的变化。沉积物中微量元素含量低(<0.1%),变化可达 2 个数量级,指示特征明显。例如:SiO_2 在基性、中基性、中酸性和酸性岩浆中的平均含量分别约为 45、52、65 和 75(wt%),其相对变化量为 1.7;Rb 的平均含量分别约为 0.2ppm、4.5ppm、100ppm 和

200ppm,相对变化量为 1 000。微量元素数量多(约 80 个),意味着有多个指标,可为海洋演变、地质事件提供大量信息。其对体系的物理化学性质、行为没有明显影响,仅服从自身的分配定律,因此定量简单;而常量元素形成独立矿物相,其分配行为受相律的控制,遵循化学计量法则,会受多因素的综合制约。除了自身性质外,影响沉积物微量分布的主要有沉积环境和生物过程。微量元素以可溶离子、有机配合物或吸附在颗粒表面的形式存在于海水中,通过生物或非生物过程离开水体迁移到沉积物中自生沉淀富集。通过沉积岩中的微量元素分布特征,可重建沉积环境,如氧化还原条件、古生产力、古盐度以及水体局限程度等,有助于对海洋环境与早期生物演化的相互作用的理解,这也是重大地质事件发生机制的研究内容。

保存在沉积物(岩)中的环境和物源信息,可以用多种元素地球化学方法进行释读,如研究元素的组成、相对含量和元素分布,还有元素间的比值关系,元素的组合、多元图解和配分模式以及元素与同位素的关系等。其中,元素比值不仅可以表明元素的比例关系,而且依据比值的变化还可以表明元素的相对富集或分散以及变化幅度的大小。为能充分了解控制沉积物化学组成的主要因素,常对元素组合进行 R 型聚类分析,以及 R 型因子分析。也就是根据这些影响因素(包括其组合)的相似关系将其聚合成若干类,以找出主要因素。

3.沉积环境的指示

氧化还原敏感元素如 Mo、U、V、Cd、Ni、Cu 等,在氧化和还原环境中的溶解度、化学形态和地球化学行为表现是不同的。例如:在强还原环境下,过渡金属元素(V、Cr、Fe、Co、Ni、Cu、Zn、Mo、Cd 和 U 等)沉积并富集;在较强还原环境下,亲硫元素(Co、Ni、Cu、Zn、Cd)以硫化物形式沉淀并富集;在还原状态下,变价元素(Cr、V 和 U 等)以低价态形式存在,易吸附而富集于沉积物中;在弱氧化环境下,Co、Ni 被 Mn、Fe 氧化物捕获并一起富集。Mn 在富氧海水及氧能穿透的沉积物中以 MnO_2 形式沉积,大量富集;在沉积物内氧气穿透面以下作为二级氧化剂分解有机物,被还原为易溶的 Mn^{2+}。

根据元素的相对比值可以推断古海洋的氧化还原条件,如 U/Th,<0.75、0.75~1.25、>1.25 时,分别对应当时的沉积条件为氧化、次氧化、缺氧-硫化条件(O_2 浓度分别为:>2、2.0~0.2、0.2~0.0 mL O_2/ L H_2O)。微量元素的相对丰度与 TOC 的关系也可以解释古氧化还原条件。

一些沉积行为对海水盐度敏感的元素可以指示沉积时海水的古盐度,主要有 Sr/Ba 值法、B 元素法。相比 Sr,Ba 的硫酸盐化合物溶解度要低一些,盐度逐渐加大时,$BaSO_4$ 先沉淀,Sr 的硫酸盐化合物迁移能力较强,随后递增沉淀。沉积物中的 Sr 丰度和 Sr/Ba 比值与古盐度呈正相关关系。黏土矿物吸收 B 的量与水体中 B 的浓度有关,后者与水体的盐度线性相关。黏土矿物中 B 的含量与盐度呈双对数函数关系,满足以下佛伦德奇吸收方程:
$$\lg B = C1\lg S + C2$$
式中:B 为吸收的硼含量($\times 10^{-6}$);S 为水体盐度(‰);C1 和 C2 为常数。

沃克法("相当硼"法)中硼含量为对不同黏土相当于伊利石中 K_2O 含量为 5% 时的硼含量,即相当硼。相当硼<200ppm 时为淡水;200~300ppm 时为半咸水;300~400ppm 时为正常海水;>400ppm 时为咸水或超咸水。

水生元素和陆源元素的比值可指示离岸距离,如:Mn/Ti。太平洋沉积物近岸大陆架的 Mn/Ti<0.1,离岸 100 m 的 Mn/Ti=0.1,离岸超过 300 m 的 Mn/Ti=0.1~0.3。

4.生物过程的指示

参与生物地球化学过程的元素,以与有机质结合的形式进入沉积物进而进入黄铁矿,可作为有机碳沉降通量和古生产力的指标。例如,高的 Ni、Cu、Zn 含量指示高的有机碳输入,反映了较高的古生产力。由于存在释放和再循环过程,低的 Ni、Cu、Zn 含量却不一定指示低的古生产力水平。

沉积物指示的海水中营养元素状态与生物进化事件相关。例如:埃迪卡拉纪晚期到寒武纪中期真菌类的出现与寒武纪大爆发,海水富含 Se、Ni、Zn、Cd、Mo、V、P;早中泥盆世海水中 Se、Ni、V 的富集,四肢动物的崛起;石炭纪海水富含 Se、Ni、Co、Zn、Mo、Cd,此阶段两栖动物的辐射。晚奥陶世、晚泥盆世、三叠纪-侏罗纪界线、晚白垩世等灭绝事件则与海水严重的 Se 亏损相关。

5.地质事件的指示

地质事件中,如陨击尘降物、深位火山喷发、风暴沉积、大洋缺氧事件层和浊流沉积等事件,造成沉积环境改变,在岩心剖面上的某一层位中不同元素含量几乎同时发生异常变化。例如,在白垩系-第三系界线,黏土层中 Ir 及 Co、Ni、As、Sb 含量异常,得出球外星体撞击地球导致恐龙灭绝的假说;海水中 Sr 及其他如 P、C 等与生产力直接相关的元素的变化揭示青藏高原隆升,陆地风化剥蚀加剧引起古环境的变化。

生物大灭绝原因也可从元素变化找到线索。在奥陶纪与志留纪,由气候变化导致的大洋环流改变,使普里道利统正处于海水厌氧事件中。铁锰氢氧化物被还原,各种金属包括 As 在内以离子形式被放归海水,这些高含量的重金属抑制了生物正常的生长与繁殖。营养元素硒缺氧时以低价态的形式存在,不溶于水。过量的重金属以及 Se 的缺失究竟对海洋生物造成了多大的影响,对生物大灭绝起了什么作用,还需要从埋藏的地质中获取新信息进一步研究。

四、稀土元素

1.基本特征

稀土元素由 14 个镧系元素组成,有的学者认为稀土元素还包括 Y。稀土总量表示为 ΣREE,包括 Y 时,表示为 ΣREY。轻、中、重稀土的缩写分别为 LREE、MREE、HREE。

稀土元素是金属元素,并非"稀",其总量 ΣREE 在地壳中的丰度为 0.017%,其中 Ce、La 和 Nd 的丰度比 W、Sn、Mo、Pb、Co、Cu、Ag 还高。稀土元素广泛分布在三大岩类中,且分布不均,又因易被吸附而沉积,因此沉积物中包含广泛而又丰富的地球化学信息。稀土元素是不相容元素,除岩浆形成时外,受其他过程影响小,因此可记录形成岩石的源岩和构造环境条件情况,可对地质事件进行示踪。稀土元素性质近似,总量分布反映相似的化学性质和地球化学行为,个体分布则反映微细差别。

常用的稀土元素指标包括稀土元素总量、稀土元素配分形式,以及 La、Ce、Eu、Gd 和 Y 等元素的异常指数。为了消除元素的奇偶效应(即太阳系中原子序数为偶数的元素,其丰度值大大高于原子序数为奇数的相邻元素),更直观地表示稀土元素的含量和分馏特征,通常用一个共同参照标准的稀土元素数据来对岩石(或矿物)样品的稀土元素含量数据进行标准化。例如,在对碳酸盐(岩)的稀土元素研究中,常采用澳大利亚后太古代平均页岩(PAAS)进行标准化,即:样品的 REE 丰度除以 PAAS 的相应 REE 丰度数值,得到的比值再以 10 为底取对数。通过数值法和图解法来反映稀土元素的富集与亏损。

2.碳酸盐岩稀土

除了 Ce 和 Eu 外,地表稀土元素主要是三价的。REE^{3+} 与 Na^+ 和 Ca^{2+} 半径相近,常交代 Na^+ 和 Ca^{2+} 进入碳酸盐晶格中。碳酸盐(岩)被认为是稀土元素特征的可靠载体,其中的稀土元素含量和配分形式能够提供很重要的信息,可用于识别化学沉积岩、区分海相和陆源输入、识别流体来源与性质、判断氧化还原环境、识别岩石和矿物的成因。

例如,海相自生碳酸盐(岩)REE 的 PAAS 标准化配分形式与现代海水类似:富集 HREE、La 正异常、Gd 轻微的正异常、高 Y/Ho 比值(44~74)等,因此根据自生碳酸 REE 配分形式的特点可以有效判断其是否沉积于开放海水以及 REE 是否被成岩作用影响。海水富集 HREE 的原因是,三价的 REE 从 LREE 到 HREE,其 4f 电子层填充电子数越来越多,使其在碳酸盐络合物中的含量逐渐上升,因而导致海水富集 HREE。

又如,热液输入的 REE 相对于海水表现出类似于次生流体的特征:Eu 正异常、HREE 亏损、REE 更高等特点。Eu 正异常是由于 Eu^{3+} 被还原为 Eu^{2+},离子的半径增大,从而更易代替 Ca^{2+} 进入碳酸盐晶格中。碳酸盐(岩)的 Eu 正异常一般不代表海水的缺氧环境,而被认为是海水与热液流体混合的结果,原因是 Eu^{3+} 通常在极端还原高温环境下才会被还原成 Eu^{2+}。

当海水环境发生变化时,特定的 REE 会体现出一定的异常现象。开放大洋会出现较强的 Y 异常(常用 Y/Ho 表示,异常值为 40~80),近岸或特定背景下 Y 异常程度较低(Y/Ho 为 33~40)。

在氧化水体中,可溶的 Ce^{3+} 会被氧化成不可溶的 Ce^{4+},吸附于细微颗粒物上导致氧化性海水中 Ce 负异常,该信息被保存于海水的自生碳酸盐(岩)中;相反,吸附 Ce^{4+} 的铁锰沉积物则显示 Ce 的正异常现象。在缺氧的环境下,富 Mn 与 Fe 的沉淀物在还原条件下溶解,Ce 的负异常较弱。Ce 在海水中的滞留时间仅为几十年,远远短于海水的混合时间,因此海水中 Ce 异常一般反映局部环境的变化情况。

碳酸盐(岩)的稀土元素含量可能受到硅酸盐矿物、Fe-Mn 氧化物/氢氧化物和磷酸盐等非碳酸盐组分以及成岩蚀变作用的影响。在分析过程中需要排除这些影响因素。

3.深海富稀土沉积

2011 年,日本首先在太平洋深海盆地中发现了富稀土沉积。深海富稀土沉积也叫深海稀土,其 ΣREY 一般大于 700 $\mu g/g$,目前已知最高可达 8 000 $\mu g/g$。这是继多金属结核、富钴结壳和多金属硫化物之后发现的第四种深海金属矿产,主要分布在太平洋和印度洋的深海盆地中。

REY 在沸石黏土和远洋黏土中最为富集,大多 Ce 负异常、LREE 亏损、M-HREY 富集,是典型地受到海水来源影响的 REY 配分形式。此外,深海稀土还富集 Mn、Sc、Co、Ni、Cu 和 Zn 等金属元素,而 Th、U 等放射性元素含量比陆地稀土矿床低 1~2 个数量级(相对陆壳差异在 1~2 个数量级)。生物成因磷灰石可能是主要赋存矿物,或吸附于表面,或内部被晶格取代。后者过程可能为:早期成岩阶段,REY 被铁锰氧化物等物质清扫而富集,再以离子替换的方式转移和再分配,最终富集于生物磷灰石等矿物晶格中。取代模式为:$REE^{3+}+Na^+\leftrightarrow 2Ca^{2+}$,$REE^{3+}+Si^{4+}\leftrightarrow Ca^{2+}+P^{5+}$。

深海富稀土沉积来源于海水和孔隙水,由火山蚀变、热液喷发、陆源输入提供。发育条件为:碳酸盐补偿深度(CCD)之下的氧化环境中;低沉积速率为沉积物中磷灰石的富集和与海水的长时间接触提供了有利条件;富氧底流提供的氧化环境有利于重稀土微粒的封闭,以及磷酸盐、铁锰质氧化物等物质对 REY 的吸附。因此,大面积的深海稀土富集区为:构造稳定的深海盆地;生产力低、碎屑输入少的黏土沉积;南极强底流发育。除了带来大量氧气,强底流活动冲刷引起的沉积物分选可能也是其形成的重要原因。

第二节 ◎ 放射性同位素与衰变

一、基本概念

同位素是具有相同质子数和不同中子数的一组核素。同位素地球化学是研究自然体系中同位素的形成、丰度及在自然作用中分馏和衰变规律的科学。

按原子核的稳定性,同位素可分为:放射性同位素(其原子核是不稳定的,它们以一定的方式,如 α 衰变、β^- 衰变等,自发地衰变成其他核素的同位素)、稳定同位素(原子稳定存在的时间大于 10^{17} a)。引起自然界同位素成分变化的主要过程有:放射性同位素的衰变、由各种化学和物理过程引起的同位素分馏。

同位素地球化学的三大支柱方向是:同位素年代学、狭义的同位素地球化学(即基于放射成因,同位素组成的示踪体系)、稳定同位素地球化学。

沉积物中的放射性同位素遵循一定的衰变规律。同位素年代学的理论基础是放射性同位素衰变速率是已知的,所以可以计时。

衰变速率定义为:

微分形式:$A = -\dfrac{\mathrm{d}N}{\mathrm{d}t} = \lambda N$

积分形式:$N = N_0 \mathrm{e}^{-\lambda t}$ 或 $t_{1/2} = \dfrac{\ln 2}{\lambda}$

式中:λ 为衰变常数;N、N_0 为现今、初始的母体量;t 为至今的时间;$t_{1/2}$ 为半衰期。

放射性同位素衰变的特点是过程自发、不受任何条件影响、与初始浓度无关,所以速率固有、简洁、精确。衰变速率具有指数变化特征,所以计时范围大,可用于地质计时。因为各有不相同的地球化学特征和衰变周期,所以同位素测年法适用范围广。

同位素测年法的条件是:在系统封闭后计时,即系统里不再有放射性母体同位素、子体同位素的加入或丢失等情况;要有仪器和技术条件能进行准确测量;同位素含量较高且分布普遍,其组成与每个同位素的相对含量能够被准确测定;在最佳计时范围内测试,即测定对象的年龄小于该同位素的 5~10 倍的半衰期。

二、铀系测年法

常用的地层测年法有 ^{210}Pb、^{14}C 和铀系法,也是海底沉积层测年常用的方法,适用于测万年以上年龄的地层。铀系测年法或铀系不平衡测年法,测年范围可从数十年到数百万年。

1. 铀钍的系列衰变

自然界有三个衰变系列,分别是 ^{238}U 系: $^{238}U \rightarrow ^{206}Pb$; ^{235}U 系: $^{235}U \rightarrow ^{208}Pb$; ^{232}Th 系: $^{232}Th \rightarrow ^{207}Pb$。海洋中这 3 个放射系的核素主要来源于陆地。

在系列衰变中,母体 N_1 衰变为 N_2,N_2 又衰变为 N_3……,后一放射性同位素为前一放射性同位素的子体,而前一放射性同位素为后一放射性同位素的母体。其衰变常数分别为 λ_1、λ_2、λ_3……。当 N_1、N_2……的原子数比值 $N_1 : N_2$……趋近于常数时,N_1、N_2……组成的放射系达到了放射性平衡状态。此时,所有子体的衰变速度等于母体的衰变速度:$\lambda_1 N_1 = \lambda_2 N_2 = \lambda_3 N_3 = \cdots\cdots = \lambda_n N_n$。

自然界的三个衰变系列,作为最初母体的 U、Th,其半衰期比各自子体的半衰期要大得多。因此,在较短的地质时期内,母体数可视作恒量。在衰变过程中,一定的衰变系统可被地质作用所切断,造成母、子体分离。这些地质作用包括风化侵蚀、溶解沉淀、吸附和生物作用等。在岩浆结晶时也能把子体从母体分离出来。其原因就在于母、子体属于不同的化学元素,具有不同的化学性质。分离后,会造成某些元素过剩和另一些元素短缺,该衰变体系偏离长期平衡状态。外界干扰消失后,随着时间的推移,该体系将会重新建立起放射性长期平衡。铀系不平衡测年法的原理是:由体系趋于平衡的程度来测年。在实际测量中,测量的是各子体的放射性,因此通常用各子体的比放射性活度代表各子体的衰变速度。$A = C\lambda N$,C 是计数器的计数率。

铀系不平衡法弥补了 K-Ar 法和 ^{14}C 法之间的测年间隙。它在海洋沉积、湖泊沉积、冰雪沉积、沉积速率、铁锰结核生长过程及地球化学示踪等研究中得到广泛应用。其具体方法很多,如 $^{234}U/^{238}U$ 法、$^{230}Th/^{232}Th$ 法、$^{230}Th/^{238}U$ 法、$^{230}Th/^{234}U$ 法、$^{230}Th/^{231}Pa$ 法、^{210}Pb 等。

2. $^{234}U/^{238}U$ 法

^{238}U 系列衰变为:$^{238}U \xrightarrow{\alpha} ^{234}Th \xrightarrow{\beta^-} > ^{234}Pa \xrightarrow{\beta^-} ^{234}U \rightarrow \cdots\cdots$

在 ^{238}U 系列衰变过程中,如果没有外来母、子体的加入和衰变链中各组分的丢失,最终会达到长期平衡:$\dfrac{\lambda_{234} N_{234}}{\lambda_{238} N_{238}} = 1$。但是在河水中这一比值为 1.20,在大洋水中约为 1.15,说明 ^{234}U 有过剩,体系没有达到平衡。过剩的原因是岩石中 ^{238}U 发生 α 衰变时产生反冲作用,将子体 ^{234}Th 逐出晶格。^{234}Th 很快衰变成 ^{234}U。而 ^{234}U 易形成络离子进入液相。所以,水体中的 $(^{234}U/^{238}U)_A$ 比值一般都大于 1。因此,自海水中形成的碳酸盐含有过剩的 ^{234}U。它将衰变为 ^{230}Th。如果该碳酸盐保持封闭状态,则最终将在 $^{234}U-^{238}U$、$^{230}Th-^{234}U$ 和 $^{231}Pa-^{235}U$ 等同位素对之间建立长期平衡。它们达到平衡的过程将遵循放射性衰变指数规律,如:

$$\left(\frac{^{234}U}{^{238}U}\right)_A = 1 + (\gamma_0 - 1) e^{-\lambda_{234} t}$$

式中:γ_0 为样品的初始 $(^{234}U/^{238}U)$ 放射性活度比值;右边第一项是与 ^{238}U 达到长期平衡的部分;$\gamma_0 - 1$ 是过剩的 ^{234}U 的放射性活度。

在含有过剩 ^{234}U 的情况下,由 $\left(\dfrac{^{234}U}{^{238}U}\right)_A^0 = \gamma_0$、$\left(\dfrac{^{234}U}{^{238}U}\right)_A$ 可推出样品的年龄 t。$(^{234}U/^{238}U)$ 法已用于测定海洋和非海洋的碳酸盐的年龄。特别对于珊瑚测年最为成功。

31

3. ^{230}Th/^{232}Th 法

与 ^{230}Th 相关的衰变为：^{234}U→^{230}Th→^{226}Ra。和海水接触的沉积物中 ^{230}Th 过剩的原因是：在氧化环境下，U 呈正 6 价，易形成络离子并溶解于海水中，因此，U 在海水中的居留时间长（$5×10^5$ a），且在海水中的丰度比岩石圈高；而 Th 呈正 4 价，易为颗粒物质所吸附而自海水移出，进入沉积物。

因为其他的同位素半衰期都很短，无以保存，所以在沉积物中 Th 的同位素组成只有 ^{230}Th 和 ^{232}Th。^{230}Th 和 ^{232}Th 的半衰期分别为 $7.5×10^4$ a 和 $1.39×10^{10}$ a，因此可以认为在海洋沉积柱的形成时限内，^{232}Th 保持常量，而 ^{230}Th 则因衰减而减少。这样就能用 ^{230}Th/^{232}Th 放射性活度比值作为计时计，来测定海洋沉积物、海洋自生矿物的年龄、沉积速率和海洋自生矿物的生长速度等。

$$R = R^0 e^{-\lambda_{230} t}$$

式中：λ_{230} 为 ^{230}Th 的衰变常数（$9.217×10^{-6}$ a）；R_0 为海水-沉积物界面上新鲜沉积物的 $\left(\dfrac{^{230}Th}{^{232}Th}\right)_A$；$R$ 为沉积柱任意深度上的 $\left(\dfrac{^{230}Th}{^{232}Th}\right)_A$；$t$ 为该深度沉积物的形成年龄。

沉积速率定义为：沉积速率 $S_r = D/t$，D 为沉积深度。以 $\ln N \sim D$ 作图，由斜率 $-\lambda/S_r$ 可求 S_r。经上述 $(^{230}Th/^{232}Th)_A$ 法测定，深海沉积物的沉积速率为 $0.5 \sim 50$ mm/10^3 a。据 Goldberg 和 Koide（1962）计算，R 随沉积物深度的 4 种变化类型为：恒定的沉积速率、因可能的地质事件沉积速率有阶段性改变、沉积物顶部有掘穴生物和海流的混合作用、因体系未封闭有来自 ^{234}U 衰变的子体 ^{230}Th。

4. ^{210}Pb 法

在 ^{238}U 的衰变子体中，^{222}Rn 为气体，可从地面逸向大气层。^{222}Rn 经过一系列短寿命子体衰变为 ^{210}Pb，其寿命较长，半衰期为 22.3 a，可随大气降水、降雪回到大地和海洋。降回大地的，大部分为土壤有机物所络合或为颗粒表面所吸附，部分随着颗粒物质进入河流，并最终进入海洋、湖泊沉积。在海洋本身，通过来自海底的 ^{222}Rn 衰变，也在不断产出 ^{210}Pb。

在近岸带，由于悬浮物质对 ^{210}Pb 的"清扫"作用，^{210}Pb 大部分将进入海底沉积物中。在冰雪、湖泊及浅海沉积物中以含有较高的 ^{210}Pb 为特征，并成为 ^{210}Pb 测年的良好对象。根据 ^{210}Pb 半衰期（22.3a），其适于测定近百余年的地质事件和年龄，并可作为研究海底生物扰动作用和地表水盆中重金属行为的示踪剂。

测定冰雪年龄及堆积速率和湖、海沉积物年龄及沉积速率的计算公式为：

$$^{210}Pb_A = {}^{210}Pb_A^0 e^{-\lambda t}$$

式中：$^{210}Pb_A$ 为冰雪或沉积物某深度上单位重量样品的 ^{210}Pb 放射性活度；$^{210}Pb_A^0$ 为冰雪或沉积物表层样品的 ^{210}Pb 放射性活度；t 为冰雪或沉积物样品的年龄。

s 代表沉积物沉积速率或冰雪堆积速率，h 代表 t 时间内所形成沉积物或冰雪的厚度，则：

$$s = h/t$$

同 Th 同位素，因受掘穴生物的混合作用，岩芯顶部样品中的 ^{210}Pb 含量有均一化特征。以放射性活度的对数与岩芯深度作图，得到一段直线，表示样品 ^{210}Pb 放射性活度随岩芯深度做指数衰减。向界面方向外推，得到海水-沉积物界面的 ^{210}Pb 放射性活度。在深层处，线段水平后，表明沉积物的 ^{210}Pb 放射性活度趋于定值，过剩的 ^{210}Pb 衰变完毕，体系达到长期平衡状态。

三、^{14}C 及其他沉降同位素测年法

1. ^{14}C 测年

碳的同位素组成及丰度为：^{12}C，98.893%；^{13}C，1.107%；^{14}C，1.2×10^{-10}%。^{14}C 具有放射性，其半衰期为 5 730 年，$\lambda = 1.209 \times 10^{-4}$/a。实验室测试范围为十个半衰期，约 6 万年。$^{14}C$ 测年是 20 世纪 40 年代兴起的一种测年方法，适用面很广，已广泛应用于第四纪地质学、冰川学、文物考古、湖泊海洋及数万年期间所发生一切事件的研究中。

^{14}C 的自然来源为地面以上 12~16 km 的高空。大气 N_2 与宇宙射线作用下产生的热中子相撞击，发生吸收中子和放出质子的核反应，形成 ^{14}C，而 ^{14}C 经过 β^- 衰变又转变为 ^{14}N。影响 ^{14}C 产生的因素有太阳活动和地球磁场强度。化石燃料的使用与原子弹试爆会人为影响大气中 ^{14}C 的比值。由于各地质圈之间保持着交换循环关系，因而不论植物界、动物界、无机碳酸盐和海水，^{14}C 在总碳中的相对丰度与大气中是一样的。但是一旦生物死亡和碳酸盐沉淀下来并被埋藏以后，与环境的碳交换作用停止，^{14}C 再也得不到补充，其量将按衰变规律逐渐减少，并且是时间的函数。速率方程如下：

$$(^{14}C/C)_{现今} = (^{14}C/C)_{初始} e^{-\lambda t}$$

$$t = (1/\lambda) \ln [(^{14}C/C)_{初始} / (^{14}C/C)_{现今}]$$

式中：$(^{14}C/C)_{初始}$ 为样品形成和碳酸盐初结晶时所具有的放射性比度，相当于大气层中的放射性比度；$(^{14}C/C)_{现今}$ 为样品被埋藏至今所具有的放射性比度，为单位重量碳在 1 min 内的 ^{14}C 衰变数。

将 λ 值代入上式得：$t = 8\ 270 \ln [(^{14}C/C)_{初始} / (^{14}C/C)_{现今}]$

应用 ^{14}C 测年法的前提条件是：数万年来大气中 $^{14}C/C$ 放射性比不变，并与时间、地点无关；$(^{14}C/C)_{初始}$ 值与植物、动物种类无关；样品未受大气污染和其他污染。

^{14}C 除了用于测定样品的年龄和沉积速率之外，还是研究海洋水团运动和海洋地球化学作用的重要示踪剂。利用大洋表层水和深层水的 ^{14}C 丰度差别可得出大洋的垂直混合速率为 300 cm/a。大洋 ^{14}C 丰度从北大西洋深水经南极深水、印度洋深水到东北太平洋深水（年龄最老）逐渐降低，表明世界大洋深层水发源于西北大西洋和南极威德尔海并经印度洋流向东北太平洋。

2. 其他沉降同位素测年

由于 ^{14}C 测年的成功利用，导致了对其他宇宙成因同位素的研究热潮。

^{10}Be 法：^{10}Be 主要产生于大气圈并沉降入海。^{10}Be 丰度较高，在适合条件下可进行精确测定。由于半衰期很长，^{10}Be 主要应用于测定铁锰结核的生长速率。

^{7}Be 法：^{7}Be 不同于 ^{10}Be，半衰期只有 53 天，可用于测定温跃层的垂直涡动扩散系数。在浅海区，由于颗粒物质浓度高，^{7}Be 随颗粒物质很快进入沉积物，使其成为研究颗粒混合作用的有效指示剂。

^{32}Si 法：^{32}Si 可作为计时计以研究海洋的混合过程、海洋沉积物测年和海底生物的扰动作用等。

四、同位素示踪

海洋在很大程度上控制着地球环境演变的趋势，用各种手段和方法研究海洋变化显然已

成为海洋科学界关注的焦点。海洋中固有的各种同位素在示踪海洋物质来源及其时空分布规律和转移过程,追索海洋环境演变等海洋环境研究中具有重要意义。由于放射性核素不断发出辐射,很容易用探测器探知其下落。例如,^{210}Po 和 ^{210}Pb 在河流中的运移及在河口区的地球化学行为,可以用来示踪与其有类似化学性质的痕量金属的来源和归宿。

海洋同位素示踪体系已成为海洋地球化学研究的有效方法(见表 3-1),并广泛应用到海洋科学研究的诸多领域,在许多大型的国际合作研究计划中发挥了独特而重要的作用。

表 3-1 常见海洋环境中天然放射性核素的应用

核素	半衰期	海洋学应用
^{3}H	12.3 a	水团混合、扩散、地下水年龄
^{7}Be,^{10}Be	53 d,1 400 000 a	海水混合、泥沙来源、沉积物沉降/再悬浮、沉积物定年
^{14}C	5 730 a	沉积物定年、碳循环、海洋初级生产力、海水年龄、海-气交换
^{32}Si	172 a	硅循环
^{32}P,^{33}P	14 d,25 d	磷循环
^{210}Pb	22.3 a	沉积物定年、泥沙来源、沉积物沉降/再悬浮
^{210}Po	138 d	颗粒物循环
^{210}Bi	5.0 d	气溶胶停留时间
^{228}Th,^{230}Th,^{234}Th	1.9 a、73 580 a、24 d	沉积物定年、泥沙来源、沉降、颗粒物循环
^{223}Ra、^{224}Ra、^{226}Ra、^{228}Ra	11.4 d、3.7 d、1 000 a、5.75 a	水团年龄、海水环流结构、水团扩散、海底地下水排放
^{222}Rn	3.8 d	海底地下水排放、海-气交换、沉积物-水交换、水团扩散
^{212}Pb	10.6 h	气团运动
^{234}U、^{238}U	24 500 a、4 468 900 000 a	定年、水团结构

第三节 ◉ 稳定同位素与分馏

一、分馏及其表示

1. 稳定同位素的分馏

稳定同位素的分馏是指在一系统中,某元素的各种同位素原子或分子以不同的比值分配到各种物质或物相中的作用。其类型有:物理分馏、动力学分馏、生物化学分馏、平衡分馏,分别是物理、化学生物过程引起的轻重同位素的动力学分异和化学平衡结果。

物理分馏是同位素之间由质量引起的一系列物理性质(密度、沸点、熔点等)的微小的差别,使之在蒸发、凝聚、升华、扩散等自然物理过程中发生轻重同位素的分异。

动力学分馏是质量不同的同位素分子具有不同的分子振动频率和化学键强度(从热力学

角度上来讲 $H_2^{18}O$ 的内能、热容、熵与 $H_2^{16}O$ 是不同的),因为轻同位素形成的键比重同位素更易破裂,这样在化学反应中轻同位素分子的反应速率高于重同位素分子。

生物化学分馏是动植物及微生物在生存过程中经常与介质交换物质,并通过生物化学过程引起同位素分馏。例如:植物通过光合作用,使 ^{12}C 更多地富集在有机体中,因此生物成因地质体如煤、油、气等具有高的 ^{12}C。

平衡分馏就是在化学反应中反应物和生成物之间由于物态、相态及化学键性质的变化,使轻重同位素分别富集在不同分子中而发生分异,称为同位素交换反应。例如,大气圈与水圈之间发生氧同位素交换反应: $2H_2^{18}O+^{16}O_2 \leftrightarrow 2H_2^{16}O+^{18}O_2$。

2. 分馏程度的表示

稳定同位素丰度是指某元素的某种稳定同位素所占的百分数。例如, ^{16}O:99.763%; ^{17}O:0.035%; ^{18}O:0.1995%。

稳定同位素比值(R)是指某种元素的两种稳定同位素含量之比(重/轻)。如: $R=\dfrac{^{18}O}{^{16}O}=$ $1\ 999.7\times10^{-6}$。稳定同位素比值容易直接测量(同位素比值质谱法)。

同位素分馏作用的大小用分馏系数 α 表示。α 等于某元素同位素在 A 物质中的比值除以其在 B 物质中的比值(其中 A、B 可以是相同的化合物,亦可是不同化合物)。如: $\alpha_{碳酸盐-海水}=$

$$\dfrac{R_{碳酸盐}}{R_{海水}}=\dfrac{\left(\frac{^{18}O}{^{16}O}\right)_{碳酸盐}}{\left(\frac{^{18}O}{^{16}O}\right)_{海水}}$$。α 越偏离 1,表示分馏作用越强;α 越接近 1,表示分馏作用越弱。在同位素交换反应时,分馏效应是随温度而变化的,一般来说温度越高,α 越小,分馏效应越不显著。

相对千分偏差 δ 值是样品中两种稳定同位素比值($R_样$)与标准样品中该两种稳定同位素比值($R_标$)的相对千分偏差,$\delta(\%)=\dfrac{R_样-R_标}{R_标}\times1\ 000=\left[\dfrac{R_样}{R_标}-1\right]\times1\ 000$。$\delta$ 值反映样品中同位素相对标准样品的富集和贫化的程度。$\delta>0$,表示样品中所含的重同位素比标准中丰富;$\delta<0$,表示样品中所含的重同位素比标准中稀少。

同位素分析资料要能够进行世界范围内的比较,就必须建立世界性的标准样品。世界标准样品的条件为:在世界范围内居于该同位素成分变化的中间位置,可以作为零点;标准样品的同位素成分要均一;标准样品要有足够的数量;标准样品易于进行化学处理和同位素测定。

■ 二、传统同位素

传统同位素是指利用气体源同位素质谱测试的 C、H、O、N、S 五个同位素系列。

1. 氧同位素

(1)地质温度计

同位素分馏系数是温度的函数,搞清楚该函数关系,可用于测温。该函数关系可用数据图或经验式表示。

Urey 于 1947 年首次提出可以利用碳酸盐和海水之间的同位素交换反应的分馏系数确定

碳酸盐的形成温度(古温度),即所谓的地质温度计。其函数关系体现在标准曲线的制备上。Urey 的测温步骤为:首先模拟自然条件[压力、温度(T)、pH 值等],使碳酸盐与人工海水在不同温度下进行同位素交换反应,待达到平衡后,通过 $^{18}O/^{16}O$ 测出,计算分馏系数 α,并绘制 α-T 标准曲线;测定样品的 $^{18}O/^{16}O$ 比值,假定古、今海水具有相同的 $^{18}O/^{16}O$ 比值,计算出分馏系数;在标准曲线上求出该样品碳酸盐的形成温度(古海水温度)。

只要一对共生氧化物或一对共生硫化物于共同生成过程中发生同位素交换反应并达到平衡,又没有遭受后期变化和污染,都可利用两者之间的分馏系数进行生成温度的测定。这种以共生矿物对测定生成温度的方法叫"内部测温法"。而根据矿物-介质水之间的分馏系数进行测温的方法叫"外部测温法"。分析样品应该在其形成后未遭受蚀变。一般古生代及更老的岩石样品不适于做温度测定。

生物体中 ^{18}O 也可用于测温。当温度升高时,相对较轻的 ^{16}O 优先被吸收进入生物壳体,致使 ^{18}O 含量相对减少,$\delta^{18}O$ 值随温度的上升而减小。以下是不同学者获得的温度与 $\delta^{18}O$ 的经验方程。

$$t(℃) = 16.5 - 4.3\ (\delta\phi \Rightarrow \delta S - \delta W) + 0.14\ (\delta S - \delta W)^2 \text{(Epstein,1953)}$$
$$t(℃) = 16.9 - 4.2\ (\delta S - \delta W) + 0.13\ (\delta S - \delta W)^2 \text{(Craig,1965)}$$
$$t(℃) = 16.9 - 4.4\ (\delta S - \delta W) + 0.10\ (\delta S - \delta W)^2 \text{(Shackleton,1974)}$$

式中:δS 代表生物壳中的 $\delta^{18}O$;δW 代表水体中的 $\delta^{18}O$。

为发展更精准的地质温度计,可将多指标(有机指标、无机指标)集成,并结合气候模式。目前团簇同位素的发展,为进一步有孔虫记录的温度/冰量信息提供了全新的校正。例如,腕足动物化石氧同位素和团簇同位素显示晚奥陶世气温的快速降低现象。基于深海底栖有孔虫氧同位素可得到过去 80 Ma 的气候变化特征,如图 3-3 所示。根据浮游有孔虫中 $\delta^{18}O$ 的变化得出的加勒比海表层水的温度曲线。

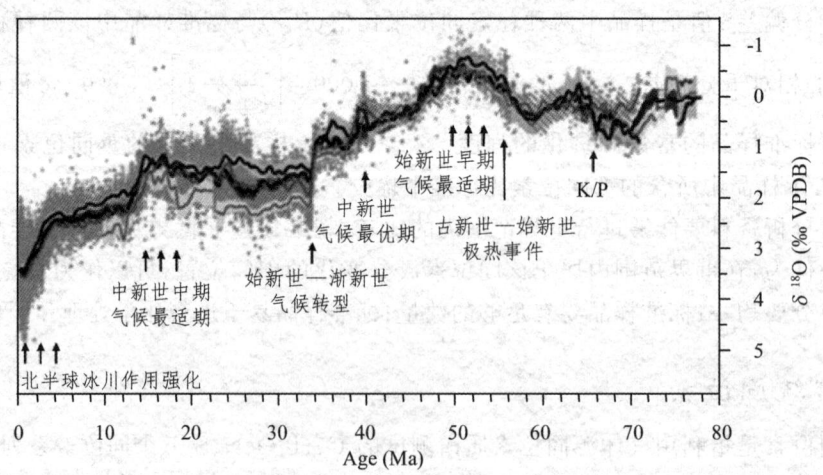

图 3-3　基于深海底栖有孔虫氧同位素集成的过去 80 Ma 的气候变化特征(VPDB:以 PDB 为标准)

(2)瑞利分馏

凡在同位素反应中,生成物一旦生成随即被分离出去时,就会在同位素组成上表现出特征性倾向,叫瑞利分馏。例如:雨滴从云中陆续形成和不断移出就属于这种过程。若 f 为剩余水蒸气的分数,则

$$\delta^{18}O(雨水) = \frac{\alpha_0}{a}(f^{a-1}-1)\times 1\,000 \approx (f^{a-1}-1)\times 1\,000$$

$$\delta^{18}O(水蒸气) = \left(\frac{1}{\alpha}f^{a-1}\right)\times 1\,000$$

式中：α_0 为初始分馏系数；a 为瞬时分馏系数；α 为平均分馏系数。在相同温度下，$\alpha_0 \approx a \approx \alpha$。

如图 3-4 所示，于低纬度海域蒸发，形成的水蒸气 $\delta^{18}O$ 约为 $-8‰$（20 ℃，水蒸气分数 $f=1.0$）。水蒸气上升遇冷，达到露点（约 20 ℃）时开始凝结生成的雨水 $\delta^{18}O$ 为 $0‰$，与蒸发时基本相同。降水后水蒸气分数 f 减小。由于降水过程中有较多 $\delta^{18}O$ 被移除，水蒸气中的 $\delta^{18}O$ 继续降低。剩余水蒸气向高纬度方向移动并继续冷却，凝结生成的雨水 $\delta^{18}O$ 变低。水蒸气温度降至 0 ℃ 时，剩余水蒸气分数 $f=0.25$，水蒸气 $\delta^{18}O$ 为 $-23‰$，此时凝结生成的雨水 $\delta^{18}O$ 为 $-13‰$。二者相差 $-10‰$。

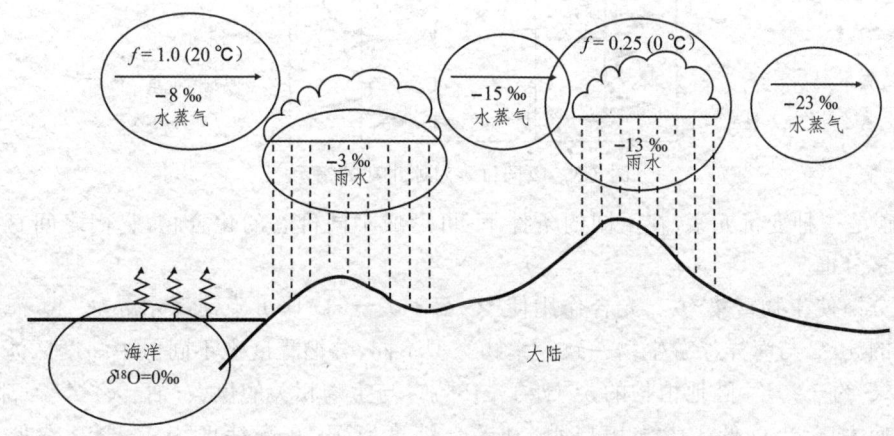

图 3-4　瑞利分馏

瑞利分馏存在几种效应：纬度效应是指在热带洋面形成的水蒸气 $\delta^{18}O \approx -9‰$，随着水气向两极移动，自云中陆续形成的雨水 $\delta^{18}O$ 越来越偏向负值，而剩余的水蒸气 $\delta^{18}O$ 则降低得更厉害；大陆效应是指由海岸向内陆，大气降水的 $\delta^{18}O$ 逐渐下降；高度效应是指海拔由低到高，大气降水的 $\delta^{18}O$ 逐渐下降。$\delta^{18}O$ 的季节性变化特点为：夏季蒸发力大于冬季，在夏季将会有较多的 $H_2^{18}O$ 分子进入水蒸气。因此，在极地和高山区夏季堆积的雪比冬季堆积的雪具有更高的 $\delta^{18}O$ 和 δD 值。所以，可以根据同位素分析来确定冰雪的季节变化，划分冰雪层，并计算出冰雪的堆积速率。

全球冰川体积大小的变化会改变海水中氧同位素（^{16}O、^{18}O）的相对比例。如图 3-5 所示，由于 ^{16}O 较轻，所以容易经由热带蒸发、极地降雨的水循环进入冰川。当冰川扩张，全球进入冰期时，海水中的 ^{16}O 会相对 ^{18}O 减少。古海洋学者基于此原理，利用海洋沉积物岩芯中所含有孔虫化石的碳酸盐壳体所记录的海水氧同位素变化，由现代往过去依序用奇数（1、3、5）标记间冰期，用偶数（2、4、6）标记冰期，称为"氧同位素阶"（isotope stage）。氧同位素第 11 阶，便是由现代往过去辨识出的第六个间冰期。西赤道太平洋的浮游有孔虫氧同位素记录了在最近 80 万年内出现 18 次冰期与间冰期。海洋岩芯与冰芯显示，地球气候可在数十年内，在空气温度、海水温度与盐度等指标上有巨幅改变。

2. 碳同位素

自然界中，碳有两种稳定同位素，即 ^{12}C 和 ^{13}C，其在自然界中的丰度分别为 98.89% 和

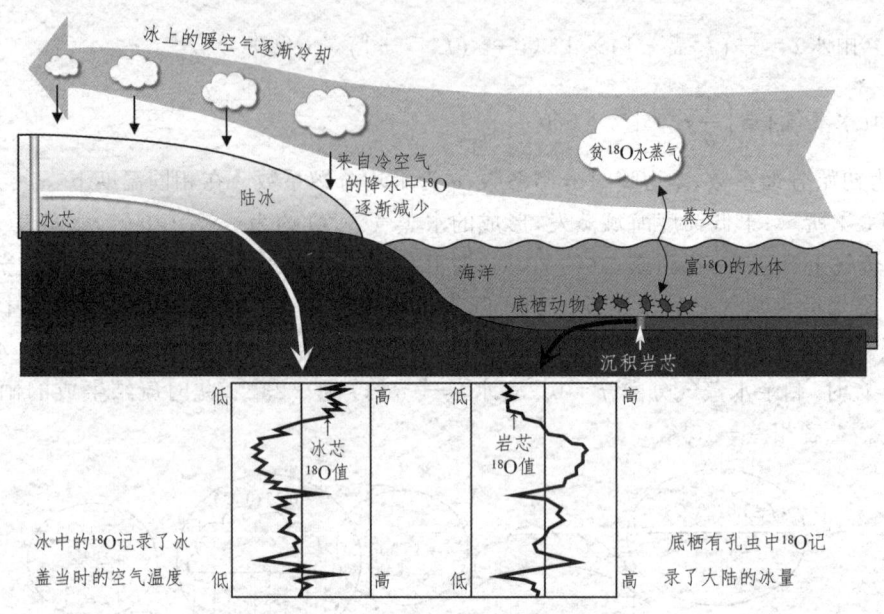

图 3-5　氧同位素对冰川期的指示

1.11‰。碳是一种变价元素,在不同的条件下,可形成不同价态的化合物,它们之间存在着明显的同位素分馏。

生物分馏使生物富集 ^{12}C。光合作用使 ^{13}C 留于大气,碎屑沉降使深水 $\delta^{13}C$ 低,海洋沉积中有机质的 $\delta^{13}C$ 与海洋浮游生物一致。生物类型不同,分馏程度也不同。中纬度区海洋浮游生物的 $\delta^{13}C$ 约 -20‰,陆地植物的 $\delta^{13}C$ 约 -15‰。与生物相关的煤、石油、天然气等都富 ^{12}C。物理分馏使大气 $\delta^{13}C$ 低于大洋表层水,其差与纬度有关,在高纬度为 10.6‰,在低纬度为 7.6‰。平衡分馏的结果是碳酸根和重碳酸根中相对富集 ^{13}C。

碳酸盐和有机质的碳同位素差异可反映大气和海洋中 CO_2 的变化。大气高含量的 CO_2 导致同位素分馏系数增大,海相有机质更富集 ^{12}C。生物的氧化量或埋藏量发生明显变化时(往往对应重大地质事件)会明显影响到海水碳酸盐碳同位素组成。生物大灭绝、适应新环境的属种尚未繁盛时,有机碳埋藏量相对减小,氧化量增大。生物体释放 ^{12}C 进入大气,溶解于海水,最后在同期海相碳酸盐中,造成 $\delta^{13}C$ 负偏。当适应环境的属种生产量增大时,会导致海相碳酸盐 $\delta^{13}C$ 正偏。

碳同位素可反映海洋溶解氧的贫富。Cenomanian-Turonian 期海平面上升,导致大批生物死亡,有机质的分解在短期内产生大量 $^{12}CO_2$,同期的海洋碳酸盐 $\delta^{13}C$ 相对负偏。之后有机质分解导致海洋缺氧,使世界各地的 Cenomanian-Turonian 缺氧事件层内,无一例外地全岩碳酸盐岩稳定碳同位素出现不同程度的正偏,偏幅约为 2‰。厌氧细菌优先还原海水中的 $^{12}CO_2$,使海水更富含 ^{13}C,强化了碳酸盐岩 $\delta^{13}C$ 正偏移。缺氧导致有机质大规模埋藏,大气中的 CO_2 浓度逐渐下降。温室效应削弱产生的冷事件使底层海水可能变为氧化状态,富 ^{12}C 的有机体被充分氧化,向海水及大气中释放 ^{12}C,海相碳酸盐 $\delta^{13}C$ 负偏。

碳同位素可指示(间)冰期。在间冰期,更多的有机碳(轻 C)存储在土地植被、陆架沉积物和土壤中,使海洋富集 ^{13}C。在冰期,一些有机碳形成的这些储存处被转移到海洋。结果是,^{13}C 在深海中平均约为 0.35‰,比间冰期的低。

δ^{13}C 与 PO$_4$$^{3-}$ 浓度呈反相关性关系，因为生物在摄取 ^{12}C 的同时也必然摄取其他营养元素。因此，在大洋表层水 δ^{13}C 增高的同时，必伴有 PO$_4$$^{3-}$ 浓度的降低。而在深水，有机碎屑溶解，将从有机质中释放较多的 ^{12}C 到海水中，引起 δ^{13}C 的降低，而在释放碳的同时也释放 PO$_4$$^{3-}$ 到海水中，使海水 PO$_4$$^{3-}$ 浓度升高。因此，生物介壳中 δ^{13}C 的变化可以作为当时海水中 ^{13}C/^{12}C 比值变化的指示剂，而后者又可以作为海水中营养元素浓度变化的指示剂。

3. 氮同位素

氮是海洋环境中的限制性营养元素、生物组成元素。由于氮有多种存在形式、参与多种生物过程、受多因素影响，因此其分布特征能提供丰富的信息，包括：古海洋环境、沉积环境、成岩作用，并揭示环境与生物演化的关系。氮循环影响初级生产力、生命演化、烃源岩形成；调节碳循环，对全球 CO$_2$ 的固定和大气 CO$_2$ 浓度都有重要影响。

氮同位素有多种分馏过程，受到多重因素的共同影响，如图 3-6 所示。其分馏会保存在地质记录中。例如：初级生产者合成有机质中氮同位素组成受占主导地位的新陈代谢作用和海洋氧化还原环境的共同控制，记录在沉积物中的氮同位素可有效指示海洋分层结构。其特点是对于反映局部水体氧化还原特征可能更加灵敏。当然，和其他同位素一样，对其开展区域性或者全球性海洋生物地球化学研究，需要与其他海洋环境指标如钼同位素及铀同位素等综合使用。

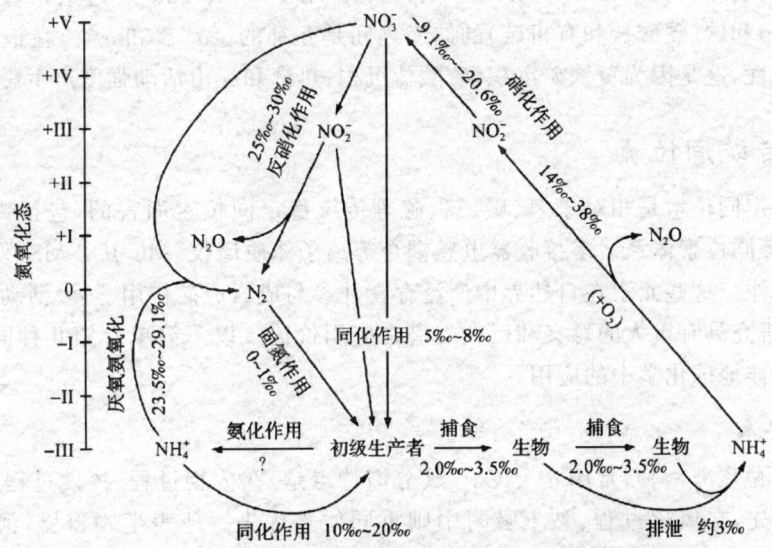

图 3-6　海洋环境中的典型稳定氮同位素

全球不同大洋沉降颗粒或硝酸盐也反映在表层沉积物的稳定氮同位素对比中。新元古代-显生宙，不同时期的海洋沉积单元 δ^{15}N 值与气候及冰期事件有一定对应关系。

4. 硫同位素

硫的稳定同位素及其丰度为：^{32}S，95.02％；^{33}S，0.75％；^{34}S，4.21％；^{36}S，0.02％。其同位素组成一般表示为：

$$\delta^{34}S(‰) = \left[\frac{(^{34}S/^{32}S)_{样品}}{(^{34}S/^{32}S)_{标准}} - 1 \right] \times 1\,000$$

硫为变价元素,随着氧化-还原条件的不同,可呈现由-2价到$+6$价的不同价次。因此,氧化-还原电位对于硫的同位素分馏具有重要的意义。一般来说,重同位素总是优先参加具有强化学键的化合物。显然硫酸根中的键合力远大于硫化物中的键合力,故当硫化物部分地氧化为硫酸盐时将导致^{34}S在硫酸盐中富集。煤、石油大多相对富集^{32}S。

细菌作用可引起硫同位素的明显分馏。还原硫细菌能把硫酸根还原为H_2S,并使H_2S富含^{32}S。细菌的同位素分馏效果根据反应速度、反应连续性和环境条件,一般可达$40‰$以上,经多次分馏则可达$120‰$。

在地球化学过程中:构造运动(如造山过程)导致大陆岩石风化,黑色页岩中黄铁矿氧化,海水(硫酸盐)$\delta^{34}S$降低;海底扩张加速(洋壳蚀变加剧),地幔硫加入海洋,海水$\delta^{34}S$降低;黄铁矿埋藏增加,造成海水$\delta^{34}S$升高;边缘海面积增加,加强细菌硫酸盐还原和黄铁矿沉积,海水$\delta^{34}S$升高;在近岸、浅海,营养物充足,硫酸盐还原速率快,动力分馏系数小,α为$1.015\sim1.025$;在深静海,如黑海,硫酸盐还原速率慢,动力分馏系数大,α为$1.040\sim1.060$。

新元古代晚期-早寒武纪(700 Ma前)、晚泥盆纪早期(355 Ma前)、早三叠纪(215 Ma前),海洋$\delta^{34}S$有三次由异常高到下降的急剧变化。异常高是在裂谷盆地的封闭体系细节硫酸盐还原作用强烈的结果,随后由于与开放大洋连通,$\delta^{34}S$快速下降。

Veizer等(1980)根据3 000多个晚前寒武纪至现代的海水硫酸盐的硫和碳酸盐的碳的同位素数据,得到负相关关系:$\delta^{13}C=3.074-0.131\times\delta^{34}S(r=-0.839)$。这意味着海洋中硫(硫酸盐和黄铁矿)和碳(碳酸盐和有机碳)的储库之间是互补的。$\delta^{34}S$和$\delta^{13}C$在最近的10亿年内不呈负相关性,这是因为黄铁矿沉积、硫酸盐沉积、热液和火山活动强度产生影响。

三、非传统同位素

非传统稳定同位素是相对于氢、碳、氧、硫等传统稳定同位素而言的,包括铁、铜、锌、钼、硒、汞、锂、镁等同位素体系。多接收器电感耦合等离子体质谱仪(MC-ICP-MS)使非传统同位素受到学界关注。这些元素在自然界中广泛存在并参与成岩成矿作用、热液活动,以及生命活动过程,对其研究具有重大的意义和巨大的潜在应用价值。以下简单介绍几种同位素的分馏机理及其在海洋地球化学中的应用。

1. 钙同位素

钙(Ca)同位素有六种,常用$\delta^{44/40}Ca$。其分馏特点是:在生物过程、挥发过程、方解石结晶中轻同位素优先,在风化过程、黏土吸附中则重同位素优先。地表生物繁盛,河流携带更多的^{40}Ca到海洋;地表生物不繁盛,河流携带更多的^{44}Ca,造成海洋$\delta^{44}Ca$值相对较高,但随季节波动。有孔虫Ca同位素分馏与温度有关,低温时$\delta^{44}Ca$更低,该规律可用于地质温度的测试。海洋碳酸盐钙同位素组成反映海水中的钙通量,从而指示大气CO_2含量。海相碳酸盐富集轻的Ca同位素,含量少,所以变化大,可用于示踪。

2. 钡同位素

钡(Ba)同位素在示踪(古)海洋生产力方面具有巨大潜力,$\delta^{138/134}Ba$在不同海区的水柱剖面中与Ba浓度均呈现较为一致的镜像关系,解决了Ba示踪中存在的争议。在上层海水中,Ba被络合或吸附进入有机质和浮游生物壳体内,随后形成的重晶石优先利用较轻的Ba同位素,使表层海水中的$\delta^{138/134}Ba$偏重;随着深度的增大,有机质再矿化、重晶石溶解,使海水中的

Ba 浓度升高,其中较轻的 Ba 同位素被重新释放到水体中,水体中的 $\delta^{138/134}$Ba 值也随之降低,形成海水 $\delta^{138/134}$Ba 值独特的上重下轻的垂直剖面特征。

3. 铬同位素

^{53}Cr/^{52}Cr 分馏特点是重的铬(Cr)同位素会被优先氧化进入到溶液中,较轻的 Cr 同位素被优先还原,在溶解等过程中都有显著分馏,且受生物过程影响。

^{53}Cr/^{52}Cr 可指示古环境。例如,Cr 随 BIF 沉积,反映沉积环境,21 亿～18 亿年前 δ^{53}Cr 波动,推测陆地强烈风化;27.6 亿～24.6 亿年前沉积的黑色页岩 δ^{53}Cr 在 BSE 值范围内(固体硅酸盐地球,即地壳和地幔部分),推测氧含量低;埃迪卡拉纪晚期沉积的碳酸盐岩 δ^{53}Cr 为 0.40‰～0.96‰,推测含氧高;奥陶纪早期的海相碳酸盐岩的铬含量低、δ^{53}Cr 高,推测还原条件。

4. 钕、铅同位素

钕、铅(Nd、Pb)为重金属元素,其同位素组成的差异与物质来源有关,可据以判断在海水中的居留时间。

在地球分异过程中 U、Th 和 Pb 发生了明显的分离:U、Th 在地壳中得到了很大富集,而 Pb 则较多地留于地幔中。故来源于地壳的 Pb 比来源于地幔的 Pb 同位素组成中放射性成因占的比重大。

在地球分异过程中 Nd 及其母体 Sm 均在地壳中得到富集,而且 Nd 的富集程度大于 Sm(即有相对较多的 Sm 留存于地幔中)。这样,在以后的地质历史中,地壳中 Nd 的放射性成因同位素 ^{143}Nd 的增长速度将小于地幔中 ^{143}Nd 的增长速度,因而来源于地壳的 Nd 比地幔钕将具有更低的 ^{143}Nd/^{144}Nd 比值。

由于地质历史发展的不同,大西洋为古老大陆所包围,且中央海岭的扩张速率较慢;而太平洋周围为较年青岩石,且其海岭的扩张速率较快。这样,供给大西洋的物质来自周围古老大陆,其 Nd、Pb 同位素组成将与大陆壳近似,即具有较低的 δ^{143}Nd。太平洋具有较高的 δ^{143}Nd。

太平洋铁锰结核大多数具有较低的 ^{206}Pb/^{204}Pb 比值(类似地幔物质),而大西洋锰结核大多具有较高的 ^{206}Pb/^{204}Pb 比值(古老陆壳物质)。同样,由于 Pb 在海水中的居留时间(几十年)短于大洋水之间的混合时间,因而彼此间 Pb 同位素组成未受均匀混合而显得有所不同。

5. 锶同位素

锶(Sr)的稳定同位素有 ^{84}Sr、^{86}Sr、^{87}Sr 和 ^{88}Sr,地球化学研究中通常用 ^{87}Sr/^{86}Sr 来表示 Sr 同位素的组成,Sr 同位素可以用来研究物质来源。其中:^{87}Rb $\xrightarrow{\beta}$ ^{87}Sr。

在地质历史中 ^{87}Sr 是逐渐增多的。故在古老的硅铝岩中 ^{87}Sr/^{86}Sr 最高,现今平均为 0.720 ±0.005;而年轻玄武岩的 ^{87}Sr/^{86}Sr 最低,为 0.704±0.002。显生宙以来海洋碳酸盐岩的 ^{87}Sr/^{86}Sr 平均为 0.708±0.001。对于海水来说,由于要和这三者发生物质交换,所以其 ^{87}Sr/^{86}Sr 受三者的共同控制:$\left(\dfrac{^{87}Sr}{^{86}Sr}\right)_{海水} = 0.704v + 0.720s + 0.708m$。

v、s、m 表示各种来源的锶所占的比例。

显生宙以来,海水的 ^{87}Sr/^{86}Sr 在 0.7065～0.7090 范围内小幅变化。

Sr 同位素研究近年来已不仅成为研究地层学的有力工具,而且用于研究大洋中脊的热液循环及海洋碳酸盐溶解等方面的相对速率。

📖 思考题

1. 沉积物中的元素如何反映地球化学信息？
2. 试述稀土元素在研究地球化学中的优越性。
3. 如何判断元素分布异常？
4. 什么是长期平衡？
5. 试述同位素计时的原理、同位素测沉积速率的方法。
6. 试述同位素示踪的方法。
7. 什么是分馏？分馏的影响规律有哪些？
8. 试述同位素测温度的原理。
9. 简述 ^{18}O、^{14}C 在不同条件下和过程中的分馏效应。
10. 总结冰期和间冰期有哪些不同的地球化学特征。
11. ^{14}C 有哪些应用？

第四章

海洋无机地球化学

海洋无机地球化学是相对有机地球化学和生物地球化学而言的,研究对象主要是无机物。显然,其形成过程和地球化学反应并非仅无机过程。本书将地球化学分为包括本章的无机化学在内的元素化学、有机化学、生物化学、环境化学等,是为了更好地体现系统论的研究范式和方法。本章以无机碳(钙质壳体)的沉积和铁矿的化学沉积为代表,重点介绍沉淀反应、氧化还原反应等。

第一节 ◉ 碳酸盐沉积

碳酸盐沉积物由形成于海洋底部的粒状、泥状碳酸盐矿物及其集合体组成,主要通过生物作用形成,也可以从过饱和碳酸盐的水体中直接沉淀而成。海洋中碳酸钙的形成与溶解在全球碳循环中起着重要的作用,它是调控大气 CO_2 浓度的关键因子之一。决定海水中碳酸钙沉淀与溶解的关键因素是 $CaCO_3$ 的溶度积。该确定的化学属性在海洋环境下有不确定的动力学特征,在超大地质时空里,产生宏大的地球效应。

一、碳酸盐化学

1.海水中 $CaCO_3$ 的表观溶度积

$CaCO_3$ 在水中的解离反应为:$CaCO_3(s) \rightarrow Ca^{2+}(aq) + CO_3^{2-}(aq)$

通常采用表观溶度积来表示 $CaCO_3$ 的沉淀与溶解平衡:$K_{sp}^* = [Ca^{2+}]_{sat} \cdot [CO_3^{2-}]_{sat}$。$[Ca^{2+}]_{sat}$、$[CO_3^{2-}]_{sat}$ 分别为 Ca^{2+} 和 CO_3^{2-} 的饱和浓度。

海水中 $CaCO_3$ 的溶度积与其存在的晶型结构有关。海洋中的 $CaCO_3$ 主要由一些海洋生物产生。方解石主要由有孔虫产生,文石主要由翼足类浮游动物产生。球文石不普遍。在一定温度、盐度和压力下,文石在海水中比方解石更易于溶解,温度为 25 ℃,盐度为 35‰,压力为 1 atm 时它们的饱和溶度积分别为 $10^{-6.19}$ mol^2/kg^2(文石)和 $10^{-6.37}$ mol^2/kg^2(方解石)。

已有经验方程计算出海水中文石、方解石的溶度积。$CaCO_3$ 的溶解度在较低的温度下更高,但温度的影响很小。其溶解度随压力的增加而增加,这影响海水中 $CaCO_3$ 的垂直分布。

2.海水中 $CaCO_3$ 的饱和度

海水中 $CaCO_3$ 的溶解性可用饱和度 Ω 表示。$\Omega = [Ca^{2+}][CO_3^{2-}]/K_{sp}^*$。对于开阔大洋

水，$[Ca^{2+}]$ 的变化很小，一般小于 1%，故：$\Omega = [CO_3^{2-}]/[CO_3^{2-}]_{饱和}$。当 $\Omega = 1$ 时，$CaCO_3$ 在海水中恰好饱和；当 $\Omega > 1$ 时，为过饱和；当 $\Omega < 1$ 时，为不饱和。

3.海水中 $CaCO_3$ 的饱和深度

$CaCO_3$ 溶度积随压力的增加而增加，由于开阔大洋 Ca^{2+} 饱和浓度随深度变化较小，$CaCO_3$ 的溶度积随压力的变化在很大程度上来自 CO_3^{2-} 变化。在海水中 CO_3^{2-} 饱和浓度随深度（即压力）的增加而增加。如图 4-1 所示，实测的海水中 CO_3^{2-} 浓度垂直分布曲线将与 CO_3^{2-} 饱和浓度垂直分布曲线产生交点，该交点对应的深度即为饱和深度 D。

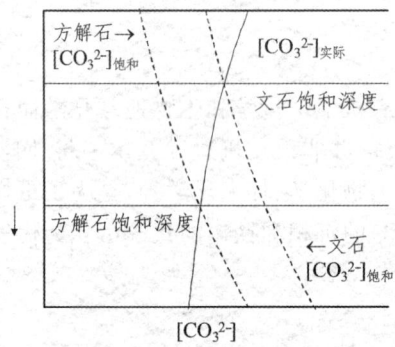

图 4-1　饱和深度示意图

大洋表层水对于方解石、文石都是过饱和的。温跃层以下，$CaCO_3$ 的饱和度迅速下降，在太平洋水深大约 600 m 处，文石已成为不饱和。由于方解石比文石难溶解，故方解石饱和的区域比文石深得多。至深层海洋，方解石和文石在深海水中是不饱和的，其原因可能在于温度的降低、压力的升高及有机物的氧化等所致。太平洋水体方解石和文石的饱和程度小于大西洋。

4.海水中 $CaCO_3$ 的溶解过程

在北大西洋约 4 500 m 及北太平洋约 3 500 m 水深以下，方解石的饱和度 Ω 明显小于 1，在约 1 000 m 水深以下水体，文石的饱和度 Ω 小于 1。但实际的情况是，在大于上述深度的海底沉积物中也存在 $CaCO_3$ 固体。原因是 $CaCO_3$ 的溶解程度取决于其溶解速率与沉降速率的大小，而这两个速率均与颗粒的密度有关。$CaCO_3$ 的溶解速率还受颗粒大小与形状的影响。密度较小或颗粒较薄的 $CaCO_3$ 颗粒溶解速率较快，而密度大且包裹严密的 $CaCO_3$ 具有较快的沉降速率和较慢的溶解速率。$CaCO_3$ 的溶解速率还与海水的化学性质有关，不饱和程度高的水体，$CaCO_3$ 的溶解速率较快。

$CaCO_3$ 溶解速率快速增加的深度称为 $CaCO_3$ 溶解跃层/溶跃面，它是保存完好与保存不良的 $CaCO_3$ 的分离界面。不同生物有不同溶跃面的深度，如浮游有孔虫为 4 050 m，翼足目为 3 200 m，超微钙质生物为 3 000 m。

在海洋沉积物的某深度处，当 $CaCO_3$ 的溶解速率等于其累积速率时，将不再有 $CaCO_3$ 保存于该深度以下的沉积物中，这个深度称为 $CaCO_3$ 补偿深度（CCD）。

在实际工作中，由于 $CaCO_3$ 的溶解速率与累积速率较难获得，海洋学家经常方便地将海洋沉积物中 $CaCO_3$ 含量为 5% 的深度定义为 $CaCO_3$ 补偿深度。

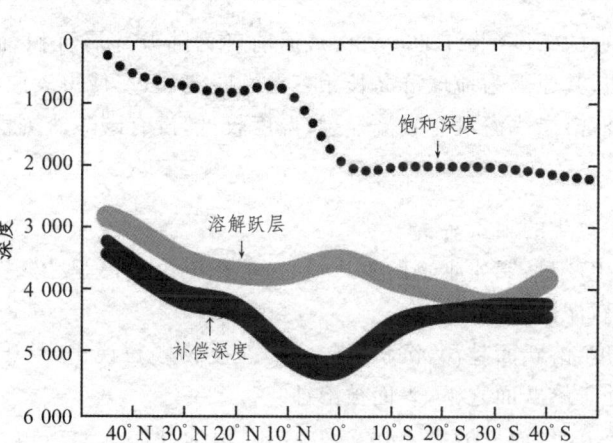

图 4-2　$CaCO_3$饱和深度、溶解跃层与补偿深度的比较

二、碳酸盐沉积现象

1.来源

生物是地史中碳酸盐沉积物最主要的来源。大洋中浮游生物死亡后,有机体被分解,钙质壳体将垂直下沉至洋底。钙质生物产生于温暖、清洁的浅海海域,在现代主要分布于南、北纬 30°之间。大洋区的碳酸盐类沉积物主要是浮游有孔虫、翼足目和颗石藻等超微生物软泥,钙质软泥和碎屑是大洋中覆盖面积最大的沉积物。钙质软泥是指 $CaCO_3$ 含量大于 65% 的大洋沉积物,主要由浮游有孔虫软泥构成,其次为颗石藻、翼足目等。全球大洋 47.7% 的面积被钙质软泥覆盖,其中大西洋为 67.5%,印度洋为 54.3%,太平洋为 36.3%。碳酸盐颗粒来自内碎屑、鲕粒、藻粒、球粒、生物颗粒;碳酸盐骨架来自珊瑚、层孔虫;碳酸盐泥来自机械的、化学的、钙藻、钙质超微生物。

生物生存环境影响沉积物类型。在南、北纬 30°之间,海水表层最低温度高于 14~15 ℃的条件适合绿藻-珊瑚生物组合的沉积,称为"暖水"型碳酸盐沉积;分布在南纬 32°~40°的能忍受更低温度的有孔虫-软体等动物组合,称为"温水"型碳酸盐沉积。温度与盐度间有互补关系,如"暖水"型绿藻-珊瑚碳酸盐沉积在盐度较高的海域,海水表层温度低于 14~15 ℃时,也可发育;而在盐度低于 31‰的海域,即使水温较高,绿藻、珊瑚等生物也会受到抑制。非骨骼碳酸盐颗粒(球粒、鲕粒-生物颗粒集合体)往往在"暖水"型碳酸盐沉积温度范围内,在温度低于 15 ℃时,将受到抑制;但在超盐度环境中,钙质绿藻的鲕粒-生物颗粒集合体可以在更低温度下沉积。

盐度和水深也影响沉积类型。一般盐度在 24‰~32‰最适合底栖的、浮游的和游泳的各种动、植物大量生长,以便形成骨骼性碳酸盐(各类海洋生物)沉积物堆积,鲕粒-生物颗粒集合体主要分布在南北回归线(南、北纬 23.5°)附近,沉积于较高盐度的海水环境;浅海碳酸盐沉积一般位于滨岸至陆架浅海区,下限水深为 130~150 m,处于生物发育的真光带内。

全球性或区域性暖流为碳酸盐沉积提供了优越的环境(温度)和营养物质(氧、营养盐)。巴哈马台地,位于佛罗里达半岛东南岸外,有墨西哥湾暖流和北大西洋暖流经过,海水温度高、营养物质丰富,加上处于亚热带地区,气温高,导致碳酸钙沉积速率高;我国浙江沿岸浅海与琉球群岛,二者具有相近的纬度(北纬26°~30°),但前者为陆源碎屑沉积,而琉球群岛沿岸发育珊瑚礁和碳酸盐沉积,其原因为琉球群岛长年有黑潮暖流通过,使得表层海水温度达到造礁珊瑚生长的温度,而浙江沿岸浅海没有暖流经过,温度较低,没有碳酸盐沉积。

2.沉积条件

影响碳酸盐沉积产生的因素有:

(1)钙质生物的生产量:钙质生物的生产量大,沉积量也大,一般出现在热带和亚热带。在纬度高的海域,钙质软泥沉积量小。

(2)溶跃面的深度:溶跃面越深,沉积量越大。对生物颗粒说来,处于溶跃面之上,生物结构、构造保存完好;处于溶跃面之下,表面被溶蚀。

(3)CCD面效应:CCD面一般为400~7 000 m,该面处海水对方解石壳体的溶解量等于它的供应量(方解石的溶解速率等于沉积速率),即该面以下方解石壳体不再沉积。

影响CCD的因素有:CCD面受生物生产量控制,在大洋边缘浅水区,生物生产量大,消耗海水溶解的$CaCO_3$多,则CCD面比大洋中心部位浅。不同纬度的CCD的面深度有差异:赤道区水温高,生物在上部水层溶解度小,CCD面的深度增大;两极海域水温低,CCD面变浅。海进时,浅海面积扩大,气温升高,海洋中生物生产量大幅度增加,消耗了海水中溶解的$CaCO_3$,CCD面变浅,原较深处沉积的钙质软泥便要溶解掉,形成沉积间断面,而被大洋黏土覆盖;海退时,CCD面加深,大洋黏土上又沉积了钙质软泥。

形成碳酸盐沉积占优势的海域,必须具备两个基本条件:陆源硅质碎屑沉积物相对较少;生物生产量大,或生物活动的间接副产品多,如球粒、鲕粒等多。

一个直径2 μm的壳体下沉到50 000 m深的洋底,需要70年。全新世浅水碳酸盐的沉积速率平均为1 m/1 000 a,礁带碳酸盐的沉积速率平均为3 m/1 000 a;大巴哈马滩和安德罗斯岛潮坪碳酸盐的沉积速率平均为0.7 m/1 000 a;深水碳酸盐的沉积速率平均为1 cm/1 000 a,甚至无。

3.分带现象

因溶度积不同,方解石和文石有不同的溶跃面和补偿深度,在水深处,产生不同程度的溶解、沉积作用带。图4-3所示为现代热带海洋中的分带,随着水深的增大,分别是沉淀作用带、部分溶解作用带、积极溶解作用带和无碳酸盐带。

海山上红黏土与抱球虫软泥的分界,即"海底雪线"。"雪线"以上呈灰色或灰白色,"雪线"以下则变成了红色或褐色。这是海洋中重要的沉积界面,只有在界面以上的那部分海底,钙质浮游生物的碳酸盐骨骼才有机会被保留下来,形成白色的"海底雪山"。

"雪山"中碳酸盐含量受碳酸盐的生产力、海水对碳酸盐的溶解作用和陆源物质输入的影响,"雪线"会有升降。这种沉积物碳酸盐含量在地质时期的周期性变化被称为"碳酸盐旋回",表现为太平洋型溶解旋回和大西洋型稀释旋回两种类型。前者的特点是冰期碳酸盐含量高,间冰期含量低;后者的特点为冰期碳酸盐含量低,间冰期含量高。海洋系统里溶解作用和生产力的结合影响是产生碳酸盐旋回的原因。

无论是今天大洋碳酸盐沉积的收支难以平衡,还是碳酸盐在冰期旋回中的沉积和溶解变化的解释,深海碳酸盐溶解之谜远还没有被破解。

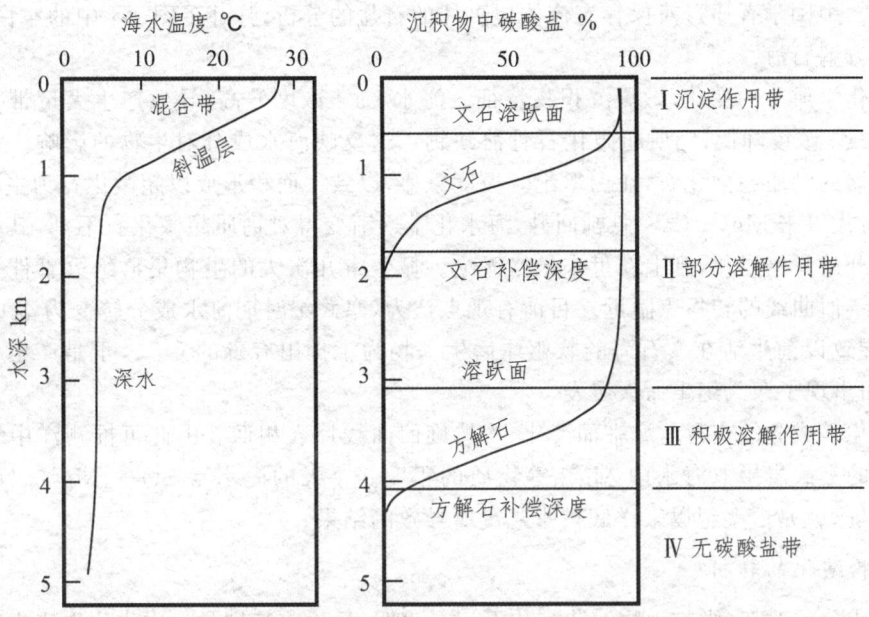

图 4-3　现代热带海洋中文石和方解石溶解度与分带现象

三、碳酸盐事件

碳酸盐沉积产出的地球效应有海水成分的交替、生物演化、气候变化。

1. 海水成分的交替

自从 1977 年在东太平洋中隆发现深海热液作用以来,人们意识到深海存在着由海底自下而上的物质输运,可以使海水中 Mg^{2+}/Ca^{2+} 比值等化学成分发生改变。美国 Sandberg 教授 1983 年猜想:自 5.4 亿年前的新元古代以来,海水成分在方解石与文石中变化,称为方解石海与文石海(如图 4-4 所示)。所谓方解石海是指其中含有的矿物主要由方解石构成,即富钙离子(Ca^{2+})、低硫酸根离子(SO_4^{2-})。而文石海是指其中含有的矿物成分主要由文石构成,即富镁离子(Mg^{2+})、高硫酸根离子(SO_4^{2-}),这两种离子抑制方解石生长。

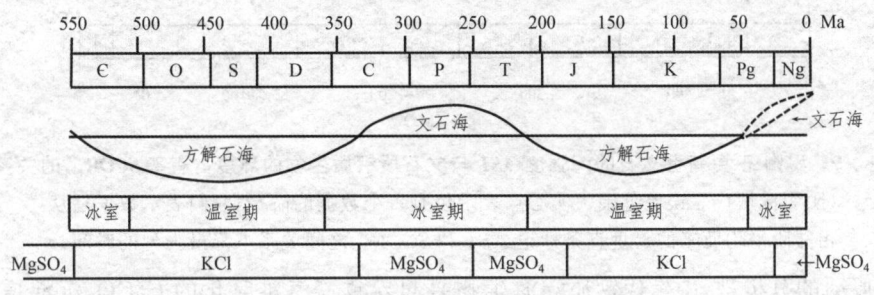

图 4-4　海水成分的交替

该猜想的化学证据为海相非生物碳酸盐矿物周期性变化。方解石海时的非生物碳酸盐矿物富 Ca^{2+}、K^+、Cl^-;文石海时的非生物碳酸盐矿物富 Mg^{2+}、SO_4^{2-}、Na^+。另一个证据是蒸发岩与碳酸盐矿物相耦合的变化。文石海时蒸发岩为 $MgSO_4$ 型;方解石海时蒸发岩为 KCl 型。有钙质生物骨骼也能反映当时的海洋是方解石海。海水成分的最直接证据来自蒸发盐里的流体包裹体。中国学者通过对保存有流体包裹体的石盐的分析,弥补了图4-4中的空白,即奥陶纪海水为方解石海。

海水化学成分的变化,影响沉积物特征。海水 Ca^{2+} 浓度升高,导致产生大量带壳生物化石;海水 Ca^{2+} 浓度降低,钙质超微化石骨骼缺钙。这反映海水成分对生物的影响。比如以方解石为骨骼的钙质超微化石,在白垩纪时极度繁盛,以致大面积形成以超微化石为主体的白垩沉积;新生代以来 Mg^{2+}/Ca^{2+} 急剧回升,海水化学逐渐变得对钙质超微化石不利,其中盘星类从中新世开始骨骼退化,到上新世末最终灭绝。显生宙几次大的生物集群绝灭事件对应海水 Mg^{2+}/Ca^{2+} 值曲线的转折点附近。目前有观点认为,寒武纪时期海水成分转变为富 Ca^{2+} 的方解石海,导致以前生活在文石海的软躯体后生动物为了排出有毒的 Ca^{2+},于是产生了钙质的外壳,进而出现了寒武纪生命大爆发。

海水化学成分的交替与海平面变化、构造旋回曲线惊人相似。由此可推测洋中脊扩展速率影响热的玄武岩摄取海水中 Mg^{2+} 等物质的程度。今天的海水富 SO_4^{2-}、Mg^{2+}、Na^+,而贫 Ca^{2+} 的特征,就是白垩纪以来洋底扩张减慢所导致的结果。

2.生物演化的转折

海水成分的改变,影响生物演化。化石记录表明:显生宙特别是自中生代以来生物类群的体型、代谢水平和生理缓冲能力等特征呈现提升的趋势,但是环境呈周期性变化,推测环境对于生物圈演化的影响在下降。有学者建立线性模型,利用收敛交叉映射CCM(用以检测因果关系)评估文石优先于方解石沉积的程度对文石质钙质生物比例的控制强度。这里用沉积程度反映环境状态。得出的结果是控制强度在古生代具有显著性,但在中生代-新生代没有显著性(见图4-5)。其证实前述假说,并给出了明确的时间转折点。

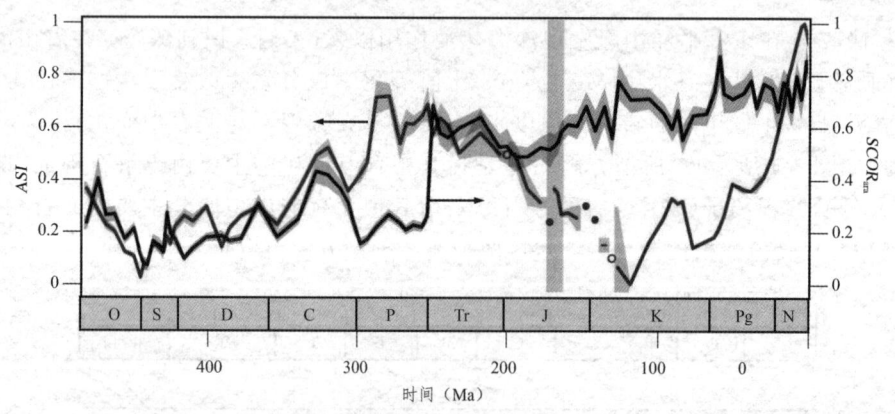

图4-5　奥陶纪-更新世文石的海强度 ASI 与文石质钙质生物的环境占有率 $SCOR_{ara}$ 的关系
(阴影区域代表误差范围。实心点表示仅有一个数据的阶,空心圆表示数据是从相邻阶平均而来的。垂直条标记 ASI 和 $SCOR_{ara}$ 之间关系下降最强烈的时间。)

对其原因的分析是:中生代钙质浮游生物兴起导致深海难氧化的 $CaCO_3$ 沉淀增加,使得有机碳埋藏深度增大。有机碳降解降低导致耗氧降低、海洋富氧,由此产生代谢高、更活跃的生命模式。另一个原因是,大约2亿年前大洋化学成分发生了"中生代中期革命",大洋钙质化石变成了以深海浮游生物(颗石藻和浮游有孔虫等)为主的格局。从此,海洋才能充分发挥大气 CO_2 浓度变化的缓冲和调控作用,使气候稳定。这都促使侏罗纪海洋生态从非生物控制转变为生物控制,体现生源碳酸盐沉积对海洋生物群演化的重要影响。

3.生物大灭绝

生物大灭绝事件常伴随着碳酸盐产量的减小。位于西地中海白垩纪塞诺曼阶—土伦阶的碳酸盐台地的消亡开始于晚白垩世和 Helvetica 生物带时期。重大生物更替影响了底栖生物,使其发生了一次严重的灭绝事件,导致主要分泌文石的生物消失。太平洋西北部白垩系碳酸盐台地生物群的灭亡很可能具有全球影响,从而导致了碳酸盐台地的消亡。在环境变化和生物危机期间,微生物是碳酸盐系统的重要贡献者,并在高营养水平下发育良好。

4.碳酸盐岩帽的形成

除生源沉积外,还有过饱和水体中直接沉淀而成的自生碳酸盐岩。碳酸盐岩帽在冰碛岩之上,覆盖了一套代表温暖气候的碳酸盐岩,形似帽子。其形成与大事件有关。

冰期时冰层把大气 CO_2 和海水隔离,造成其大气浓度是现在的 350 倍,引起"雪球地球"融化。CO_2 和海水 Ca^{2+}、Mg^{2+} 快速反应,大量的 $CaCO_3$ 和 $MgCO_3$ 快速沉淀在冰碛岩层之上(冰碛岩是一类由冰川作用形成的碎屑岩,在极热和极冷的现象中形成)。关于其形成机制的其他观点是由于海底储存的大量固态 CH_4 被海侵或火山喷发触发,与 Ca^{2+}、Mg^{2+} 反应所形成。

碳酸盐岩帽 $\delta^{13}C_{carb}$ 有很高的负异常。推测原因是:缺氧的深层水团上升导致浮游植物大量死亡;海洋分层性遭到破坏,低的 $\delta^{13}C$ 深海水体向上混合;构造抬升导致有机碳埋藏速率减小,有机碳进入碳酸盐沉积;另外,CH_4 与 Ca^{2+} 生成的 $CaCO_3$ 导致 $\delta^{13}C_{carb}$ 负偏。

海相碳酸盐岩的碳同位素被广泛应用于地球环境与生物演化研究,特别是重大地质转折期的环境变化等。例如,碳酸盐成岩作用记录了新元古代海水无机碳库信息。

5.碳酸盐的俯冲

板块俯冲将大洋沉积碳酸盐带入地球深部是深部碳循环的重要环节。大量研究表明沉积碳酸盐会发生分解,不清楚是否进入地幔深部。大洋沉积碳酸盐相对地幔橄榄岩明显具有重 Zn 同位素组成,可作为指示。新研究发现夏威夷复苏期火山岩比造盾期具有明显的重 Zn 同位素组成。通过对与其他指标(Sr-Nd-Pb-Hf 同位素间、与微量元素、火山岩碱性强弱)的相关性的研究,高 $\delta^{66}Zn$、低 $^{87}Sr/^{86}Sr$ 的指示特征分析,Zn 在地幔熔融过程中分馏的模拟计算,以及高温高压熔融实验对地球化学的重现,确定沉积碳酸盐的加入是导致火成岩具有重 Zn 同位素的主要原因。该研究表明沉积碳酸盐主要通过转化为镁质碳酸盐组分后进入深部地幔,碳酸盐加入并熔融交代地幔。"俯冲-再循环"的碳酸盐在夏威夷复苏期火山岩成因过程中扮演重要角色。

碳收支平衡是研究海洋碳体系的重要内容。碳的生物循环、缓慢变化的碳的地球化学大循环,哪个是主要因素是须解答的问题之一。碳的生物循环虽然对地球的环境有着很大的影响,但是从以百万年计的地质时间上来看,缓慢变化的碳的地球化学大循环才是地球环境最主要的控制因素。碳酸盐的俯冲是其中重要一环。深层碳酸盐岩,需要通过机器学习算法对多参数的地球化学数据进行数据挖掘,以实现利用地球活性数据自动预测地质信息的效果。

第二节 ◉ 条带状铁建造

条带状铁建造(Banded Iron Formation,BIF)是前寒武纪形成的大规模海相富铁沉积岩,由硅质条带和富铁(磁铁矿、赤铁矿和菱铁矿)条带互层而成。BIF 是最重要的铁矿资源,也是了解地球早期构造演化、大气和海洋化学成分、氧化还原状态及演化的重要载体,尤其是搞清前寒武纪海洋、大气环境的重要研究对象。

一、BIF 的生成历程

BIF 最早出现在 38 亿年前左右[格陵兰的 Isua Belt(伊苏阿地壳带)],集中分布于 35 亿~18 亿年前,高峰在 28 亿年前后,在 18 亿年前后 BIF 急剧减少并很快消失。在 7.55 亿~5.5 亿年前,又出现仅存的几个 BIF。

早期地球没有臭氧层保护,紫外线会分解大气中的水产生氧气。35 亿年前蓝藻产氧,给大气和表层海水逐渐充氧。海水因含氧量不同而分层,但仍呈还原状态,从而富集二价铁。上升洋流携带深海大量 Fe^{2+} 到浅海,氧化成的红色 Fe^{3+} 以 $Fe(OH)_3$ 的形式沉淀在浅海海底,逐渐开启了 BIF。由于环境和海水成分的周期性变化,氢氧化铁和二氧化硅交替沉淀,25 亿年前达到高峰。

大氧化事件 GOE 使海水氧含量增加,二价铁无法运移和积累。有氧风化导致硫酸盐进入海洋,深海是硫化状态,硫化亚铁的沉积导致溶解铁减少,使 BIF 在 18 亿年前结束。

6.5 亿年前"雪球地球"中海洋被全球性的冰层覆盖,海洋被冰封缺氧。海水转为还原状态,从而富集二价铁,BIF 重现。当然,新元古代 BIF 的形成归因于"雪球地球"假说存在争议。

之后大气和海水的氧含量增加,使二价铁无法在海洋中运移和积累。大陆冰川融化,向海洋输入了大量硫酸盐,在富有机质的还原性海水中,微生物的硫酸盐还原作用产生了 H_2S,二价铁形成硫化亚铁沉淀,取代了铁氧化物的沉淀,使得"雪球地球"后寒武纪生命大爆发之前 BIF 骤然终止,使其成为前寒武纪的沉积岩的独特单元。

BIF 的形成和大气圈两次重大氧化事件(古元古代大氧化事件,2.4~2.1 Ga,新元古代氧化事件,0.8~0.55 Ga)之间的关系如图 4-6 所示。

二、BIF 的形成机理

BIF 形成的条件是:需要大量铁源,铁迁移积累条件能还原水体,海底沉淀条件能形成 Fe 氧化机制。

铁源被认为是大洋中脊海底热液。由于 Al^{3+} 和 Ti^{4+} 在海水中很难溶解,且在热液交代中比较稳定,因此热液流体通常具有较高的 Fe/Ti、Fe/Al 比值。BIF 中较高的 Fe/Ti、Fe/Al 比值暗示了热液流体组分的加入。热液具有特征性的铕正异常也与条带状铁建造所观察到的一致。根据放射性钕同位素和稳定铁同位素示踪,发现存在河流输入的生物还原铁。

BIF 沉淀的核心内容就是 Fe^{2+} 如何氧化形成 Fe^{3+},对此存在很大争议。BIF 形成环境从

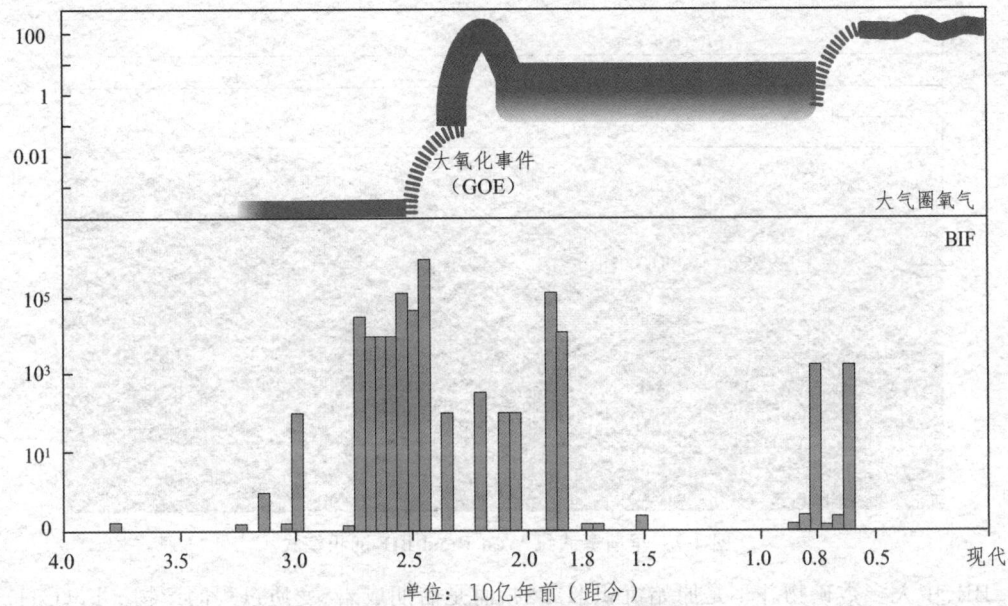

图 4-6　大气圈氧气含量和前寒武纪 BIF

太古宙缺氧环境逐渐演变为古元古代部分氧化环境,表明 BIF 可能是通过不同的氧化机制形成的。目前提出的机制包括通过蓝藻细菌光合作用释放氧气、微生物新陈代谢和缺氧的光合作用等氧化方式。

2.7 Ga 页岩与碳酸盐岩中具有亏损[13]C 的干酪根,暗示存在由蓝藻细菌及嗜甲烷菌组成的微生物群落,含大量有机质的页岩也被发现,都表明产氧光合作用在新太古代既已形成。原始大洋是层化的海洋。大陆风化来源的 Fe^{2+} 与深部海水上涌带来的 Fe^{2+} 在浅海氧化带汇合,通过以下反应形成 Fe^{3+}:$2Fe^{2+} + 0.5O_2 + 5H_2O \rightarrow 2Fe(OH)_3 + 4H^+$。

亲气微生物可能也对 BIF 沉积过程起了重要作用,它们利用 O_2、CO_2 及 H_2O 进行代谢反应,氧化 Fe^{2+}:$6Fe^{2+} + 0.5O_2 + CO_2 + 16H_2O \rightarrow CH_2O_2 + 6Fe(OH)_3 + 12H^+$。

某些细菌能够通过厌氧光合作用,将 Fe^{2+} 作为电子供体生成 Fe^{3+}。近 20 年来,大量实验表明各种紫色和绿色细菌能利用 Fe^{2+} 作为还原剂,从而固定 CO_2。这都暗示在地质历史时期即使没有氧气,微生物也可以利用 Fe^{2+}、光及 CO_2 形成 BIF。

在大气圈氧气浓度升高及臭氧保护层形成之前,地球表层接受了大量紫外线光子的辐射,Fe^{2+} 能够被光氧化成为 Fe^{3+},但对 BIF 沉积的贡献不是很大。

BIF 也可能通过蒸汽与卤水相分离的氧化而成。该机理能够解释深水缺氧环境下一些太古宙 BIF 与 VMS 型矿床紧密共生的原因。

BIF 有不同类型和形成模式。图 4-7 所示为早前寒武纪 West Rand BIF 沉积模式。BIF 形成于最大海进时期,深部热液上涌到上部透光带以下发生沉积。铁氧化细菌在热液柱与海水接触界面产生有限 O_2,Fe^{2+} 被氧化形成原始 $Fe(OH)_3$,或沉淀于洋底之上,或由于热液柱的作用重新被还原成 Fe^{2+}。在远离海岸的一端,$Fe(OH)_3$ 在后期成岩压实过程中转变为赤铁矿,热液柱与海底沉积物接触时形成磁铁矿;在靠近海岸的一端,随着有机碳的加入,$Fe(OH)_3$ 转变为富铁碳酸盐矿物;在更近岸区域,陆源碎屑贡献明显,形成富铁铝硅酸盐矿物。在热液柱的上方,形成一些贫铁的碎屑沉积物。

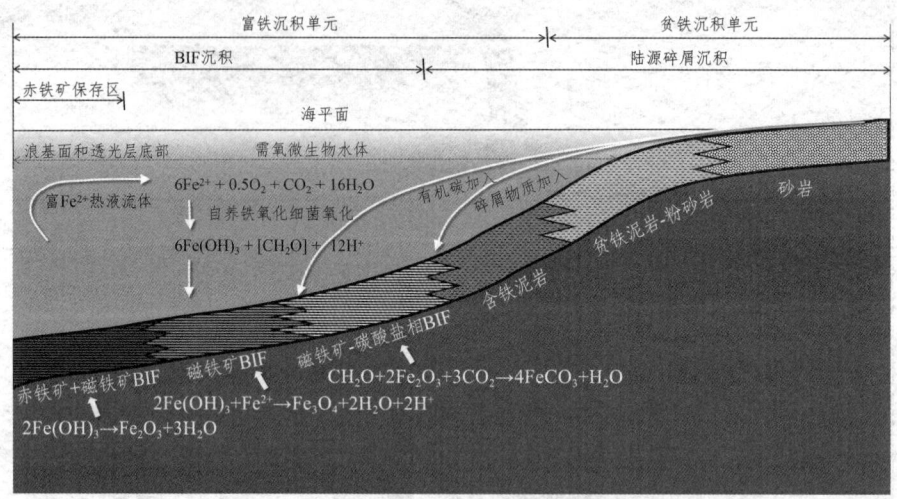

图 4-7 早前寒武纪 West Rand BIF 沉积模式

BIF 中大多数矿物并不是原始沉积形成的,而是后期成岩、变质过程的产物。$Fe(OH)_3$ 是 BIF 最主要的原始产物。赤铁矿通常被认为是早期成岩过程中 $Fe(OH)_3$ 脱水的产物;菱铁矿可能是原始无机沉淀的成因,也可能是在成岩过程中因生物异化铁的还原作用而形成的;而磁铁矿的成因更为复杂,在成岩、变质和交代过程中均可形成。BIF 中原始沉积和变质矿物组合在一起,其中哪些是原始沉积成因,哪些是后期演变的产物尚不明确。

关于 BIF 精细成矿时代、条带/条纹形成的机制、重大地质事件对 BIF 形成的制约和 BIF 微生物成因等方面仍存在较多未解之谜。BIF 的沉积跨越了地球早期演化的主要过程,记录了丰富的岩石圈、大气圈、水圈和生物圈状态及演化的信息,需要深入挖掘。随着大数据、精细成矿年代学、模拟实验、非传统稳定同位素(Fe、Cr、U、Mo 和 Cu 等)新技术方法的进步和人们对现代洋底热液系统的深入认识,BIF 的各种成因及其记录的地球圈层相互演化的信息将逐渐被揭示出来。

第三节 ● 其 他

海洋无机地球化学还包括硅质沉积、磷质沉积、金属沉积、蛇纹石化反应等过程。

一、硅质沉积

硅质沉积来源于大陆、海底火山喷发。沉积需要的条件是水温较低、偏碱性环境(pH 值大于 8),以胶体凝聚的方式沉淀。沉积物类型是蛋白石($SiO_2 \cdot nH_2O$),脱水后成燧石(SiO_2)。

燧石在 BIF 中普遍存在。BIF 在发生变质时重结晶形成石英。前寒武纪海洋中硅主要以 H_4SiO_4 的形式出现,由于缺乏硅的生物沉淀,其浓度较高($60 \sim 120$ mg/L);显生宙时期由于硅质微生物的有效沉淀作用,其浓度为 $50 \sim 60$ mg/L;在现代海水中,其浓度仅为 10 mg/L。

海水中 SiO_2 最低饱和浓度为 100 mg/L。SiO_2 可以从硅饱和海水中直接沉淀,或者被三价铁氢氧化物吸附与有机质一起沉淀。BIF 中燧石可能还有其他成因:在水岩界面以下由早期沉积物发生硅质交代而成;作为胶结物充填于原始硅酸盐泥之中。鉴于 BIF 中燧石出现形式多样,这几种成因都有可能。

二、磷质沉积

磷质沉积的形成过程是:富含磷的低温水随洋流到达浅海后压力减小、水温上升、溶解度下降,磷质产生沉淀。其沉积类型是 $Ca_3(PO_4)_2$(胶磷矿),胶磷矿与碎屑物共生经成岩而成为磷块岩。

磷是生物营养元素,对控制海洋大气氧化还原状态具有重要作用。新元古代 BIF 的 P_2O_5 含量相对较高,例如 Tuva 地区新元古代 BIF 中的 P_2O_5 质量百分含量为 1.24 %,而早前寒武纪 BIF 中的只为 0.2%。

化学沉积岩中 P 含量能够反映其沉积海水中溶解的 P 浓度。与显生宙富铁沉积物相比,前寒武纪 BIF 的 P/Fe 比值很低。例如,2.95 Ga 的 Pongola 群 BIF 的 P/Fe 比值为 0.17%;2.45 Ga 的 Brockman BIF 的 P/Fe 比值为 0.24%,明显低于现代洋底富铁沉积物的 P/Fe 比值(1.62%~7.48%,平均为 4.69%)。

BIF 的 P/Fe 比值低可能是由于沉积水体中 P 含量很低。除了一些 BIF 所在的盆地地区本身 P 含量很低外,浓度较高的硅发生沉淀时吸附 P 会使其海水中 P 浓度降低。另外,铁氧化物吸附 P,被热液流体中 Fe^{2+} 氧化形成的三价铁氢氧化物也吸附 P,都会影响海水中 P 含量。

三、金属沉积

$MgCO_3$ 溶解度较 $CaCO_3$ 大,$MgCO_3$ 只在炎热气候海水温度和盐度升高时才沉积。

Al、Fe、Mn 沉积发生在湿热气候、岩石风化彻底时,Al、Fe、Mn 的氧化物和氢氧化物以胶体形式随河流进入大海,在近岸遇电解质而凝聚沉积。主要沉积物类型有赤铁矿、铝土矿、褐铁矿、水锰矿等。

多金属软泥是富含 Fe、Mn、Al、Zn、Pb、Au、Ag 等金属的未固结的泥质沉积物。其主要分布在红海、东太平洋洋隆,水深 2 000~3 000 m,海底有热泉群的地区。各种金属多以金属硫化物的形式存在。部分金属含量已达到工业排位。其形成被认为与海底火山喷发有关。

目前对金属地球化学的研究主要涉及沉积物中的重金属污染、金属成矿机制及分布规律等内容。

四、蛇纹石化反应

近 20 年来,水岩作用已成为地球科学领域最前沿的研究内容之一。蛇纹石化是海底最重要的水岩相互作用之一,是指基性岩和超基性岩中的橄榄石和辉石等镁铁质矿物在相对低温条件下发生水热蚀变产生蛇纹石等矿物的热液变质作用。橄榄岩蛇纹石化过程广泛出现在海底大洋岩石圈和弧前地幔楔中,对地球内部物质循环、地球生命演化进程、成矿作用等都有一定的贡献。俯冲带脱水及弧岩浆的形成与之有联系,其是地球水循环过程的重要机制。

国内学者根据橄榄岩和蛇纹岩的主量元素和 Mg 同位素组成差异,清晰揭示了蛇纹石化过程中确实发生了明显的 Mg 丢失和 Mg 同位素分馏,在这之前的认识是只有蛇纹岩风化过程才会有上述现象。由于洋底蛇纹石化广泛存在,并在地球历史上长期存在,蛇纹石化过程中 Mg 元素的加入会加强对海水的化学演化,而海底蛇纹石化会形成具有重 Mg 同位素组成的蛇纹岩。这些蛇纹岩随着大洋岩石圈俯冲进入地幔会引发地幔 Mg 同位素组成的变化,并使相关岩浆岩产生重 Mg 同位素组成的信号。这对理解海水化学组成变化、Mg 的深部地球化学循环和地幔 Mg 同位素不均一性具有重要意义。

最近国内学者就利用高温高压实验证明了氮气可以快速参与蛇纹石化过程并生成大量氨气,结合前期研究,证明了在岩浆海后期,蛇纹石化导致地球大气构成由"二氧化碳+氮气"转变为"氨气+甲烷",在闪电作用下可以合成大量氨基酸,在超临界水+二氧化碳层形成氨基酸浓汤,而这是生命起源的关键。

碳酸盐矿物也常作为蛇纹石化作用的产物出现。在富 CO_2 的流体体系中,橄榄石等富 Mg 矿物被富 CO_2 流体交代,可生成菱镁矿:

$2Mg_2SiO_4$(镁橄榄石)$+CO_2(aq)+2H_2O=Mg_3Si_2O_5(OH)_4$(蛇纹石)$+MgCO_3$(菱镁矿)

$6(Mg,Fe)_2SiO_4$(铁镁橄榄石)$+3CO_2(aq)+6H_2O+5O_2(aq)=3Mg_3Si_2O_3(OH)_4$(蛇纹石)$+4Fe_3O_4$(磁铁矿)$+3MgCO_3$(菱镁矿)

在蛇纹石化之后的蚀变过程中,蛇纹石、水镁石或滑石还能进一步与流体中的 CO_2 反应生成菱镁矿等碳酸盐矿物。这在深海或大洋蛇纹石化的橄榄岩以及造山带超镁铁质岩中比较普遍,多以细脉或碎屑基质的形式出现。这种通过消耗 CO_2 而生成碳酸盐矿物的方式,近年来引起越来越多的注意,被认为是能减少全球温室气体 CO_2 工业化封存的一种有效方式。

📖 思考题

1.说明 $CaCO_3$ 的饱和深度、溶跃面与补偿深度的定义及特点。

2.饱和度为什么在溶跃面之上?溶跃面为什么在 CCD 之上,尤其是在赤道附近?

3.现代热带海洋中文石和方解石沉积分带的特征是什么?解释海底雪线。

4.方解石海和文石海各有什么特征?与生物、地质状态有什么关联?

5.从地球化学角度,论述碳酸盐沉积与环境的关系。

6.从地球系统角度,说明深部碳酸盐沉积的归宿。

7.通过条带状铁建造的形成过程论述生物圈与地质过程的交织演化。

第五章

海洋生物地球化学

海洋生物地球化学研究的是生物参与下的海洋中化学物质的迁移、转化和循环，以揭示地球系统演变规律和海洋的生态功能。这是海洋地球化学与生物学交叉结合的新学科。本章主要内容为生物过程驱动的元素循环、生物产生的环境效应、重大地质突变期的生物地球化学过程、生物扰动及其地质效应。

第一节 ◉ 元素循环

生物参与下的生源要素或与生物有关元素的地球化学循环一直是海洋生物地球化学的重要内容。目前侧重于对碳、氮、硫、磷、氧、硅等生源要素的研究。

一、碳循环及生物碳泵

碳是海洋生物地球化学研究的核心元素，其海洋循环在很大程度上决定了全球气温乃至全球气候的变化趋势。碳在地球岩石圈、水圈、大气圈和生物圈等圈层之内或之间，历经多级时间和空间尺度，以多种赋存形式进行转换和转移，呈现出复杂的循环样式，是持久的研究难题。其中的海洋生物碳循环关注的是储碳能力。

海洋是地球表层极为重要的一个碳汇，其碳储量高达38.4万亿吨，每年从大气中净吸收大约22亿吨碳。海洋对大气CO_2的吸收机制有4种（见图5-1），即溶解度碳泵（SP）、生物碳泵（Biological Carbon Pump，BCP）、碳酸盐碳泵（Carbonate Carbon Pump，CCP）和微型生物碳泵（Microbial Carbon Pump，MCP）。其中，溶解度碳泵主要为物理运输；碳酸盐碳泵主要为海洋中产生碳酸钙质壳体或骨骼的生物所驱动，一些初级生产者也可以合成碳酸钙。包括生物碳泵和微型生物碳泵在内的海洋生物碳泵，是海洋生态系统通过碳循环调节地球环境变化的关键途径之一。

生物碳泵（BCP）是指生物固定透光区的CO_2，将颗粒有机碳（POC）输送到海底沉积物的过程。BCP主要受控于浮游植物的初级生产过程和初级生产力水平。同时，它还取决于生源颗粒物向真光层之外传输的海洋生物碳泵的强度和效率，输入的有机物质在海水次表层被再矿化为无机碳并部分被埋藏的过程，以及钙化浮游植物如颗石藻外壳$CaCO_3$的沉降会提高海水表层稳态CO_2浓度，从而促进CO_2向大气的释放等过程。

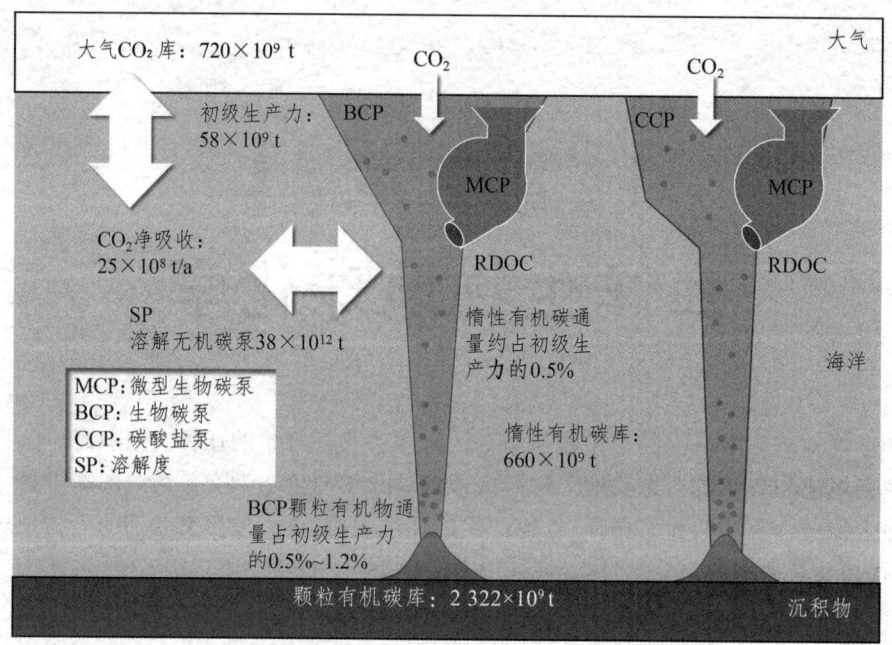

图 5-1　海洋固碳与储碳的主要过程

现代海洋光合作用约占全球的 50%，其中重力下沉占 10%～15%，水动力运输占 10%。深海中的碳可保留 100～1 000 年。约 0.3% 的初级产物被埋藏，一些在岩层保存数亿年。

研究发现海洋中只有不到 1% 的溶解有机碳（DOC）是不稳定的，94% 是难降解的惰性溶解有机碳（RDOC），5% 是半不稳定的（SLDOC）。大部分 RDOC 的产生归因于微生物的活动，估计 25% 的有机碳（包括 POC 和 DOC）来自细菌，计算出 SLDOC 约 10 pg 和 RDOC 约 155 pg 来源于细菌。也就是说，微生物碳泵（MCP）提供额外的存碳途径，且与 DOC 相关，特别是与稳定的 DOC 即 RDOC 相关。RDOC 在海洋中积累，相当于大气碳量。另外，在深水区停留的 CO_2 不与大气产生联系，在 100 m 以下停留数十到数百年，在 1 000 m 以下停留数千年。这样，海洋其实存在两大碳库：溶解和埋藏的碳。

BCP 和 MCP 的区别主要体现在 3 个方面。BCP 必须通过垂直迁移来完成，有物理和生物过程；MCP 则与深度无关，不依赖重力作用、不需要垂直输运，可以在任何水层发生。BCP 是单向泵，受长时间尺度的影响；MCP 是双向泵，主要依靠 RDOC 在海洋里储存，受短时间尺度的影响，部分通过黏土矿物等沉降到沉积物里，有长时间尺度的影响。地质时期的 DOC 很难研究，RDOC 更难研究。

进一步研究发现微生物环（ML），这是温跃层以上的生物种群。ML 中细菌与浮游植物竞争无机营养素，而微型浮游动物捕食细菌。其发现修改了经典食物网模型，即细菌进入食物链。据估计，细菌可将多达 50% 的海洋初级产物导入 ML。而传统认识中，细菌主要使有机物再矿化。ML 补充并连接了 BCP 和 MCP 的概念，加上病毒分流 VS（病毒使微生物裂解，以 DOM 的形式将其送入食物链低端），形成了一个更完整的概念——海洋生态系统中的生物碳循环。多达 1/4 由浮游植物固定的碳通过 VS 流动，从而促进了整个生态系统的呼吸。目前，越来越多的研究致力于填补微生物组学和有机碳组成之间的空白。

对生物碳泵的传统认识主要是表层光合作用产生深海 DOC。海底热液喷口处溶解有机碳的同位素$^{13}C_{DOC}$比海水中的$^{13}C_{DOC}$偏负,其^{14}C比海水的$^{14}C_{DOC}$明显偏老,意味着DOC还来自化能自养微生物。甲烷厌氧氧化古菌和硫酸盐还原细菌共同完成CH_4的氧化,释放大量DOC,缓解了CH_4的释放。尽管该机制还存在争议,但海水由此发现了与深海生物圈耦合的碳循环。

深海微生物生长缓慢,运动迟缓,有机碳或难代谢或与矿物融合或分布稀疏,使得有机碳即使含量很低,也会剩余。氧化条件下沉积物中的碳库比我们想象的要多得多,其含量此前被大大低估。早期成岩中微生物强度需要重新认识。

海洋吸收了约占人类活动产生CO_2的25%,导致了海洋的酸化。酸化的海洋中浮游植物减少、浮游动物群落发生变化,输运的POC减小,即削弱了BCP。另外,过去认为鱼类大型生物新陈代谢较慢,对碳循环影响较小。其实鱼类会产生更快沉降的粪球。工业革命以后的捕捞使大型鱼类生物量减少了90%,可能已经对海洋生物地球化学循环造成了巨大影响。通过对沉积物档案的查询,确定鱼类丰度代表物(难以降解的鱼鳞、耳石等)与海洋生物化学特征有强相关性。

目前对海洋生物碳泵粗线条且存在争议的框架性认识,难以回答其与气候之间的成因联系。需要进一步搞清的内容有:地质时期大型海洋DOC库的形成及其与古气候的关系;BCP和MCP的相互作用(POC与DOC相对比例的变化)及其与地质时期一些大冰期、极端温暖气候的关系;全球生物地球化学和生态模型的结合中,还需要对生物体生物学以及POM和DOM库之间相互作用的理解;微生物通过沉淀碳酸盐矿物对气候的影响等。

碳循环中的成岩过程将在下章叙述。

二、氮循环及氮的移除

1. 氮循环

氮是生物生命活动的基本营养元素,氮循环是整个生物圈物质和能量循环的重要组成部分。1934年,美国海洋学家发现著名的雷德菲尔德化学计量比(Redfield Ratio)(海水和浮游生物均具有相近的 C∶N∶P = 106∶16∶1 的关系),极大地推动了人们对海洋生物地球化学循环的理解。Redfield Ratio 常作为判别海洋生产力的限制性营养元素的依据。N/P 比值高于该值则认为 P 是限制性元素,低于该值则认为 N 是限制性元素。目前,海洋大部分海域呈现出 N 为限制元素的特征,并制约着表层初级生产力。因此,海洋氮循环强烈控制着初级生产力,进而影响碳循环和气候。

氮循环主要涉及固氮作用、硝化作用和反硝化作用 3 个过程,都由微生物参与完成,如图5-2 所示。海洋一方面通过微生物(如部分细菌、放线菌和蓝细菌等)的固氮作用将海水里溶解的氮气转化为生物可利用的铵盐和硝酸盐;另一方面则通过反硝化作用将硝酸盐还原为氮气,构成海洋氮循环主要路径,并共同调节海水硝酸盐含量,总体维持着海水 N/P 比值稳定。氮在多尺度、多元素耦合下的生物地球化学循环过程,内在的微生物驱动机理机制及浮游植物结构演替的相关性等研究,是目前需要探索的关键科学问题。氮循环的研究进展主要来自新微生物功能群的不断发现。

海洋中主要固氮细菌为蓝细菌(Trichodesmium),而在高纬度和深水等寡营养海区新发现的一些单细胞蓝细菌(Crocosphaera watsonii)可能与 Trichodesmium 具有同等重要的固氮

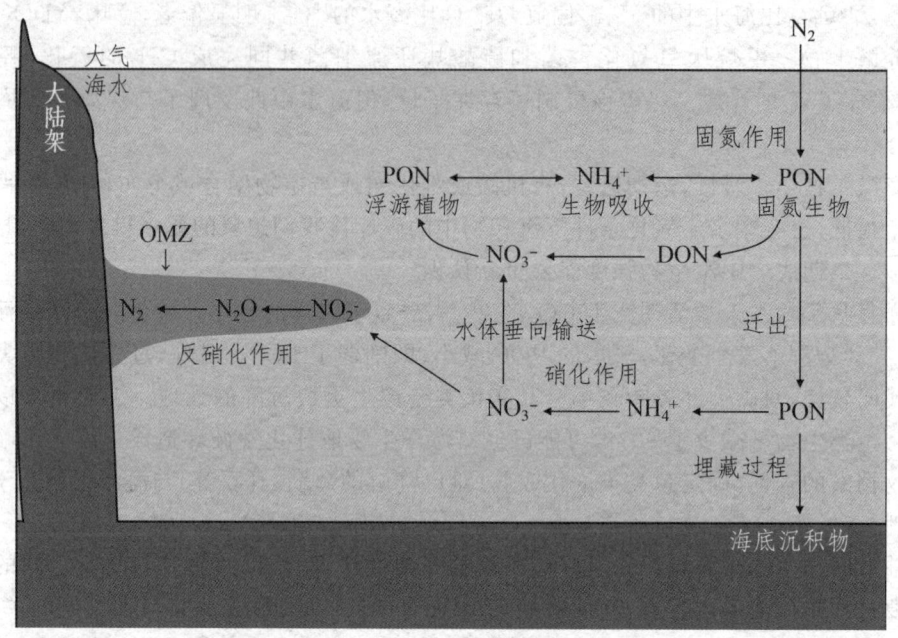

图 5-2　N 垂直迁移过程

作用。在 CH_4 厌氧氧化区域,嗜甲烷古菌 ANME-2 被证明为硫酸盐还原细菌提供氮源从而固氮,使 AOM 区域的碳-氮-硫循环建立起紧密的联系。

硝化作用过程一直被认为主要由硝化细菌单独完成,后来在海洋水柱及沉积物中,发现氨氧化古菌也都占有重要地位。在氨浓度很低时,氨氧化古菌比氨氧化细菌具有更强的耐受力,这使其在寡营养海区比其他浮游生物具有更强的竞争力。

氨氧化古菌的生物标志物为泉古菌醇,其细胞膜主要由甘油二烷基甘油四醚脂(GDGTs)构成。这些化合物中五元环的相对数量与海水表面温度(SST)有很好的线性关系。基于此构建的海洋古温度指标 TEX86 已成为定量重建古温度的重要手段。

很长时间以来,异养细菌参与的反硝化作用被认为是海洋中氮损失的主要原因。氨厌氧氧化细菌的发现开启了地质环境中氮损失的一个全新路径,它能将 NH_4^+ 和 NO_2^- 转化成 N_2,成为厌氧环境下氮损失的重要方式。氨厌氧氧化细菌广泛分布于缺氧的海洋环境,如黑海、阿拉伯海、哥斯达黎加海岸等。

2. 活性氮及其移除

活性氮主要包括氮氧化物(NO 和 NO_2)、过氧化亚硝酰阴离子($ONOO^-$)、亚硝酰氢(HNO)、亚硝酸根离子和氨等具有高度氧化活性的自由基和硝基类化合物。为了提高农业生产效率,人类对氮过量"活化",氮循环的陆面模式造成活性氮向大气和水体过量迁移,海洋氮循环被严重扰乱,导致全球环境问题。首先,过量氮素导致富营养化,造成"赤潮"现象,降低水的使用价值和导致鱼类等水生动物死亡。其次,氧化亚氮(N_2O)消耗臭氧,从而增加阳光的紫外线辐射。N_2O 同时也是一种温室气体,其单分子增温潜势是 CO_2 的 200 多倍。最后,地下水中增加的硝酸根(NO_3^-)可产生致癌的亚硝酸根(NO_2^-)。活性氮添加已经成为仅次于生物多样性危机的第二严重的全球生态环境问题。

微生物介导的反硝化和厌氧氨氧化是两个主要活性氮的移除通路,是地球系统的自净过程。反硝化以强温室气体 N_2O 为中间产物,而厌氧氨氧化则是环境友好过程。河口作为重要的陆海界面,接受了大量陆源活性氮,是活性氮干扰的重要区域,也是氮移除发生的热点场所。

稳定同位素技术的应用丰富了人们对氮的生物地球化学循环过程的认识。利用 ^{15}N、^{18}O 及其统计特征,可进行环境水体中氮的主要来源甄别及定量解析;利用稳定同位素分馏理论及同位素配对技术,可进一步解析氮在迁移过程中的生物地球化学循环途径及转化速率。

南海海洋资源利用国家重点实验室基于稳定氮同位素示踪技术,探究了长江口和九龙江河口沉积物氮移除机制,定量化解析了亚热带河口沉积物反硝化和厌氧氨氧化过程在活性氮脱除和气候反馈方面扮演的角色。研究发现:长江口和九龙江河口沉积物在活性氮移除方面作用弱,其中反硝化主导河口沉积物脱氮,导致了 1.8% 脱除的氮以 N_2O 的形式释放,占日海气 N_2O 通量的 59% 和 65%;有机质降解驱动了沉积物氮移除;绝大部分活性氮将通过河口递送到陆架海,并进一步通过浮游植物吸收—有机颗粒沉降—降解—耦合硝化反硝化等一系列过程实现脱氮。可见,陆架海沉积物氮移除在环境和气候反馈方面的重要性必须得到进一步的重视。

中国科学院海洋研究所首次将生物标志物梯烷脂与微生物功能基因结合来阐明泥质和沙质沉积物的氮去除率。在近海生态系统中,对沉积物的氮循环研究发现富含有机质的泥质沉积物相对于沙质沉积物有更高的氮去除量。在泥质沉积物中,厌氧氨氧化的特异性生物标志物梯烷脂显著高于沙质沉积物。TOC 含量的增加促进了厌氧氨氧化功能基因 hzsB 和反硝化功能基因 nosZ 的绝对丰度。高含量的有机质可使反硝化过程产生更多的 NO_2^-,并促进厌氧氨氧化的进程。有机质对东海陆架氮去除的影响机制,如图 5-3 所示。

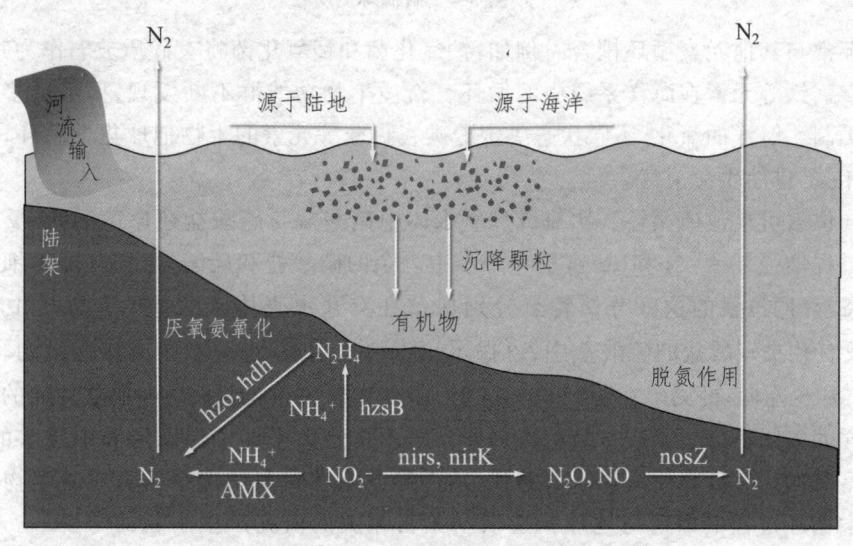

图 5-3　有机质对东海陆架氮去除的影响机制

西北太平洋和北印度洋目前接受氮气的高输入,可能在区域和全球范围内产生影响。地中海和北大西洋地区附加氮沉积受到不同磷和铁水平的影响。这是氮污染的平衡的重要研究地区。

氮污染是研究人类陆面活动模式对海洋生态影响的重要内容,需要同高分辨率地球系统模式耦合起来。通过大量的不同情景的数值模拟,加深对人类和自然相互作用的认识,从而科学有序地指导人类社会的发展。

三、硫循环

硫是可变价态的元素,可形成多种无机和有机硫化物,对环境的氧化还原电位和酸碱度带来影响。

硫循环兼有气态循环和沉积循环的特点(见图5-4),许多步骤都有专化性的微生物参加。硫主要贮存库是岩石圈,经风化和分解而释放;以 SO_3^{2-} 和 SO_4^{2-} 的形式被植物吸收,少量气态硫化物为植物所吸附;生物死亡后有机硫以 H_2S 的形态释出,被微生物氧化,形成硫酸盐进入再循环。其部分沉积于海底,直到风化释放。

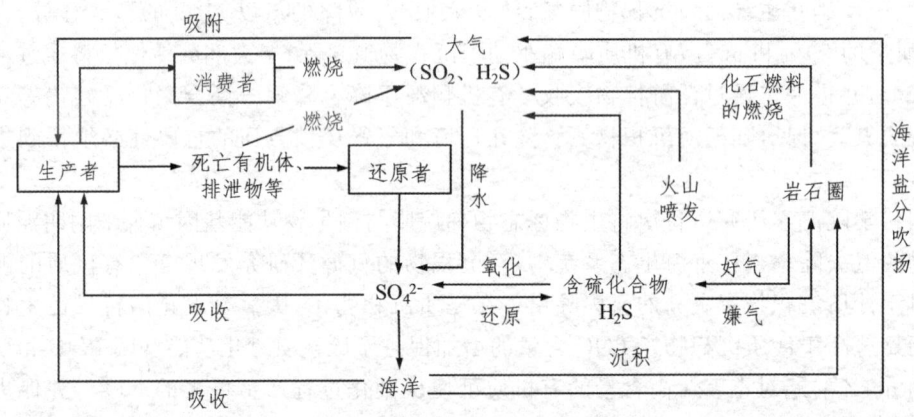

图 5-4　硫循环

硫循环常与其他元素循环耦合。例如:铁氧化菌和锰氧化菌将玄武质玻璃作为唯一碳源,促进了碳、硫、铁等元素在海洋系统中的循环。新微生物功能群不断发现,揭示更多碳、氮、硫循环耦合机制。海洋的氧化-还原状态决定着碳、氮、硫等元素的生物地球化学循环,这与生命过程息息相关,进而生命演替。

利用同位素可重建硫循环。次氧或贫氧水体中硝酸盐与硫酸盐还原菌活跃,反硝化和硫酸盐还原过程增强导致 ^{15}N 和 ^{34}S 富集在海水中剩余的硝酸盐和硫酸盐当中(因为细菌优先利用 ^{14}N 和 ^{32}S)。同位素的这些分馏特点分别保留在有孔虫壳体碳酸盐的有机质中和重晶石($BaSO_4$)及有孔虫碳酸盐的硫酸盐中,可揭示出古海水状态,进一步推测构造运动。例如,根据 $\delta^{15}N$ 和 $\delta^{34}S$ 降低,推测出在距今59 Ma时,印度洋板块和非洲板块向亚欧大陆的汇聚导致了特提斯洋的关闭,从此,温暖贫氧的特提斯洋水不再是太平洋中温跃层和中层水的来源,转而被寒冷富氧的高纬度表层海洋水所替代,从而导致水体贫氧状况缓解。对微生物在驱动生物地球化学循环过程中如何与地球构造活动紧密相关的研究产生了新的学科——构造微生物学。

利用同位素重建硫循环可推测大事件发生机理。火山喷发影响到平流层时,硫同位素主要发生非质量分馏(S-MIF),火山减弱或停滞使硫同位素发生质量分馏(S-MDF),这些都记录在海洋沉积物中。根据非质量分馏结果,可推测奥陶纪末生物灭绝事件可能是火山喷发引起气候剧变、缺氧导致的。该研究对理解现代气候变化有重要的启示作用。卫星观测数据表明,近50年来平流层的硫酸盐浓度不断升高。高精度的硫同位素分析能够为探讨这一重要科学问题提供有力支撑。

第二节 ◉ 环境效应

生命起源与生物演化与大气-海洋系统的氧化还原状态密切相关。早期生命与地球大气、深部海洋的协同演化造就地球宜居环境。前寒武纪的重大地质突变伴随显著的碳、氮、硫循环异常,对早期生命的起源和演化的影响。

一、宜居环境的形成

原始地球的大气中充斥着 CO_2、CH_4、N_2 和少量的 NH_3。蓝细菌释放出的 O_2 与铁、硫、甲烷结合,消耗铁、硫、甲烷后,大量的 O_2 涌入大气,地球变成富氧行星。生物作用使氧能以大量单质形式存在。目前大部分氧气都来自海洋,并且海洋保持地球的氧气含量不变达数百万年。

大气充氧,使得生物可以利用氧气进行呼吸,从而改变了生物的生态环境。增加的大气中的二氧化碳使得植物可以利用二氧化碳进行光合作用,从而改变了植物的生态环境。生命高效利用阳光的能量,将 CO_2 从空气中固定下来的过程,形成巨大的碳泵。随着有机质的埋藏和成岩作用,碳进入大地的岩石圈。

拥有了大量 O_2 后,光解产生的氢原子还没逃逸就会被氧化,再次变成水回到地球。这使地球保住了海洋。

另外,古海洋氧化也产生相应的生物地球化学效应:增加了大气中的氮气和含硫气体,使得微生物可以利用氮气进行氮循环、利用含硫其他进行硫循环,从而改变了微生物的生态环境;增加了大气中的水汽,使得植物可以利用水汽进行蒸腾,从而改变了植物的生态环境。

氧气、海洋、气候温和且稳定……生物地球化学过程使生物拥有了向高级进化的基本条件,供能物质释放效率提高 4 倍,可以支持复杂的食物链与生态层级。

二、海洋含氧状态的演变

如前所述,地球表层的大气演化主要经历了两次大的氧化阶段。第一次大气氧含量的增加很可能与产氧蓝细菌的出现有关。第二次大气氧含量的增加可能导致了多细胞动物的出现。而条带状含铁建造(BIF)消失,标志含氧大气圈形成的叠层石碳酸盐、冰碛岩和红层的出现,预示生命大爆发的埃迪卡拉后生动物群的出现……都发生在大氧化事件这一阶段。早期生命与大气、海洋是协同演化的(见图 5-5)。

对深部海洋演化,传统的模型认为,随着大气的阶段性氧化,太古代和古元古代铁化的(即缺氧且含游离 Fe^{2+})深部海洋在大约 18 亿年前也被彻底氧化。

基于全球硫化物与硫酸盐硫同位素演化模式提出的"Canfield Ocean"模型则认为早期深部海洋的缺氧至少持续到寒武纪初期($\sim$540 Ma),太古代和古元古代铁化的深部海洋在18亿年前并未氧化,而是硫化(即缺氧且含游离 H_2S)。直至寒武纪初期,这一硫化的深部海洋才被彻底氧化。该模型得到古元古代和中元古代铁组分化学、微量元素化学和生物标志化合物记录的支持。

其后的基于南华新元古代南华盆地陡山沱组铁组分、硫同位素和微量元素在不同沉积相

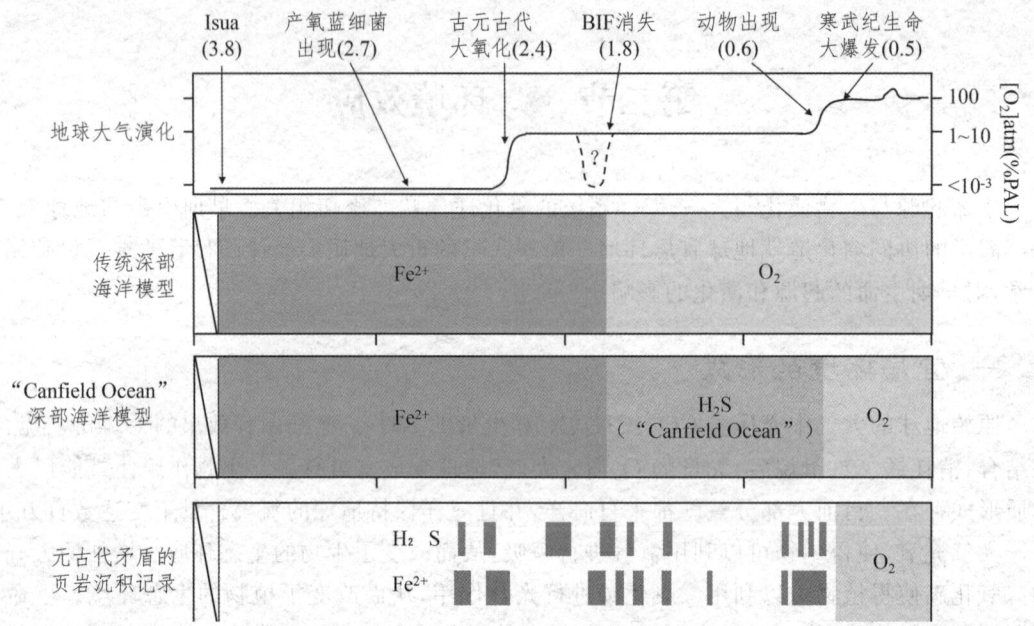

图 5-5　早期生命与地球大气、深部海洋的协同演化

中的时空差异的"三明治"型深部海洋模型则指出,在新元古代埃迪卡拉纪,在海洋表层氧化的水体之下、深部铁化水体之上,存在着一个从陆缘向远海楔状展布的硫化物带(即含游离 H_2S 的缺氧水域)。该硫化物带由细菌硫酸盐还原作用和黄铁矿沉淀作用共同动态维持,可能从晚太古代至寒武纪初期维持了长达 22 亿年。该模型认为地球的深部海洋可能从来就没有完全硫化过,其硫化部分可能仅局限于陆地边缘近海或盆地。该模型能更好地解释生物演化现象和地球化学记录。

关于浅层海水,最新的研究揭示大氧化事件前大陆架之上的水体氧化特征,这是基于铊(Tl)和钼(Mo)同位素对海水中 Mn 氧化物沉积指标的结果。Mn 氧化物形成时,会优先吸附 Tl 的重同位素和 Mo 的轻同位素,此特征会被同时期形成的黑色页岩记录。澳大利亚西部 25 亿年前的黑色页岩中重的 [205]Tl 和轻的 [98]Mo 的分馏特征揭示 Mn 氧化物在浅水大陆架上已经形成埋藏(见图 5-6),同位素质量平衡模型显示该沉积规模较大。由此推测 25 亿年前大陆架上浅水已完全氧化。

三、对生命演变的驱动

地质历史中发生 1 次生命大爆发和 5 次生物大灭绝的重大生物事件。除与事件有关外,动物生命的重大转变还可能由生物之间的相互作用所驱动。这些转变和驱动都与地球化学过程密切相关,并控制地球生态系统演变,地球生态系统演变又控制生物的繁盛与灭绝。

1. 微生物的作用

在有光生物圈、黑暗生物圈对太阳能、地热、化学能的摄取中,在能量从生物圈释放回环境的过程中,微生物是地球能量的主要传递者,其他生物只在中间环节起作用。

微生物对全球变化以及地表系统起着重要乃至关键的作用,是生命演化的推手。微生物也能成为其他生物遭遇到的最大灾害。蓝细菌在长期演化过程中,向海洋和大气释放了大量

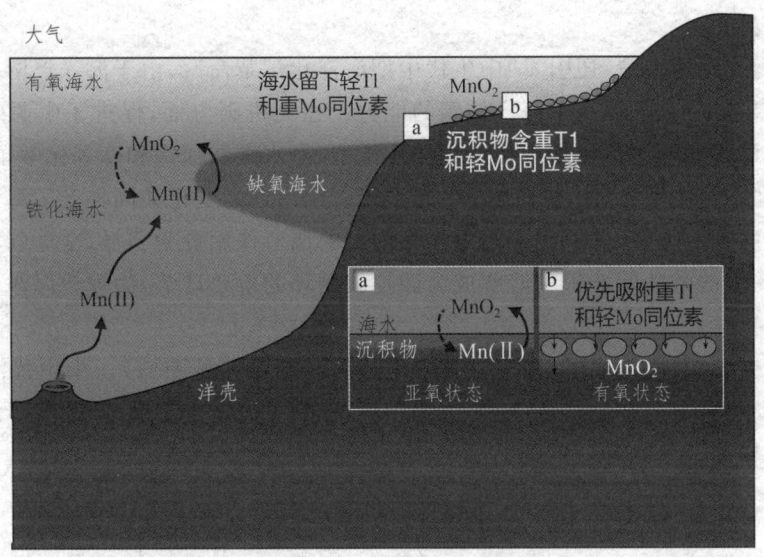

图5-6　GOE前浅部大陆架(～2.5 Ga Hamersley盆地)上部水体氧化状态

的氧气,对厌氧的原核生命产生了致命的伤害,导致第一次生物大灭绝。对新生代深海沉积物中的颗石藻和浮游有孔虫研究显示,一些物种的灭绝并没有伴随强烈的环境变化,这些生物的背景灭绝可能是由病毒引起的。根据在琥珀中发现的蝉虫,白垩纪末期的生物大灭绝也可能是由病毒引发的。

　　微生物群落伴随着大事件的发生而变化。由于没有硬体骨骼,病毒和细菌难以形成实体化石。地质历史时期的蓝细菌和其他细菌都是根据保存在地层中的"分子化石"和"叠层石"等微生物岩特殊沉积构造来研究的。科学家利用气相色谱-质谱联用仪,已经分别从浙江长兴煤山和澳大利亚珀斯盆地二叠纪末地层中检测到绿硫细菌的"分子化石"(类异戊二烯侧链芳烃),可推测2.52亿年前绿硫细菌繁盛,且是全球性的。由于绿硫细菌生存于厌氧、透光带,利用硫化氢、单质硫等进行光合作用,推测当时水体透光带富含H_2S且极度缺氧。海洋缺氧是导致二叠纪末大灭绝的原因之一。另一种"分子化石"2-甲基藿烷指示出钙质蓝细菌层在亚洲、欧洲和大洋洲中低纬度地区浅海广泛分布。这种由蓝细菌等微生物组成的岩石,往往覆盖在动物大量消失的地层之上,说明啃食和破坏蓝细菌的威胁少、表层海水富营养化及蒸发引起盐度变化。

　　2. 浮游生物革命

　　海洋捕食者为生存而进行的激烈斗争彻底改变了海洋生态系统。"中生代海洋革命"是海洋生态系统组成、结构和生物生态特征迅速演进的过程,捕食压力上升引发的"生物军备竞赛"是其主要现象。

　　对"中生代海洋革命"的传统认识主要集中在动物方面,缺乏对生产者演化的关注,其实仅为"中生代海洋动物革命"。"中生代海洋革命"的内涵应该更广,除了动物革命,中生代中期海洋化学革命和中生代海洋浮游生物革命也是其重要的组成部分,且后者是关键。

　　化石记录表明,"中生代海洋浮游生物革命"促进了"中生代海洋动物革命"。沟鞭藻的出现,加速了初级生产者产生的物质和能量向更大体型的消费者与更高的营养级转移,海洋生态系统的中等营养水平获得了更多的资源,为底栖生物群落大规模重组和现代演化动物群崛起提供了物质基础。

"中生代海洋浮游革命"还引发"中生代中期海洋化学革命"。由于海洋浮游生物群落的辐射,远洋生物泵得以形成,提高了海洋储碳的能力。在无机碳方面,促进了生源碳酸盐沉积模式由古生代的浅海底栖型扩张到现代的远洋浮游型,海水碳酸盐饱和度等化学条件发生变化。

"中生代海洋浮游革命"影响了海洋生态系统。一系列的变化共同提升了海洋生态系统对碳循环扰动的缓冲能力,从侏罗纪开始海洋生物泵的调节作用更为明显,全球碳同位素波动幅度逐步变小,深海碳酸盐的堆积和溶解成为调控碳循环的重要环节,为现代海洋生态系统提供了稳定的环境。

这些重大变化,共同组成了广义上的"中生代海洋革命",见图5-7。中生代海洋浮游生物革命是连接"动物革命"和"化学革命"的关键一环,影响了海洋生态系统,改变了海洋物质循环和能量流动的模式。

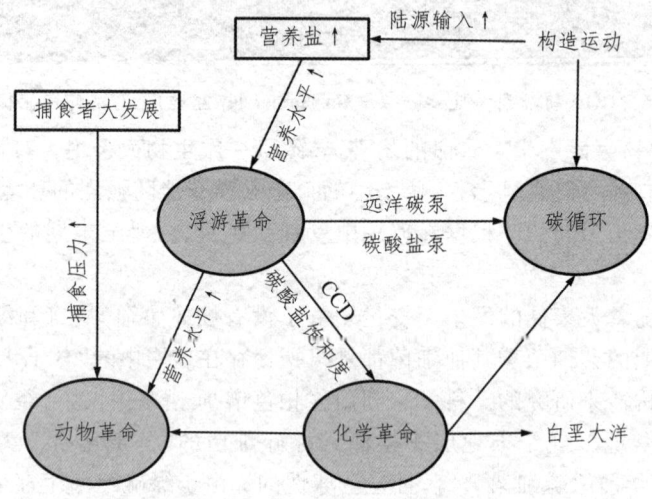

图5-7 "中生代海洋革命"(广义)

3. 碳泵的演变

深时海洋生物泵的演变的研究,对理解现代海洋碳循环的过程和机制有重要启示意义。

显生宙海洋生物泵主要包括两种类型:古生代型(古生代—中三叠世)和现代型(晚三叠世—现代)。

古生代型生物泵以浅海底栖藻类和浮游疑源类为主导。在二叠纪和三叠纪之交大灭绝这一特殊地质历史时期,由于古生代型的海洋生物泵遭到摧毁,海洋的碳循环被扰乱,海洋中短暂出现了以蓝细菌和其他自养细菌为主导的特殊生物泵。

化石记录表明,浮游藻类(颗石藻和沟鞭藻)在晚三叠世起源并在侏罗纪快速辐射,促进了现代型远洋浮游生态系统的建立,即上述的"中生代海洋浮游革命"。现代型碳泵演变为以远洋超微浮游生物主导。

浮游藻类的繁盛增强了远洋生物泵和碳酸盐泵的固碳能力,提升了海洋生态系统对碳循环扰动的缓冲能力。深时海洋生物泵的演变的研究,对理解现代海洋碳循环的过程和机制有重要启示意义。

第三节 ◎ 地质效应

本节的生物地质效应是指生物在沉积、成矿、成岩及地质突变中的作用。地质过程是物理过程、化学反应、生物作用的综合结果。前述的沉积如碳酸盐沉积和 BIF 的形成都从化学角度来介绍,其实这些过程与生物过程有关。

微生物的作用类型有 4 种:(1)生物胶结,是指微生物通过分泌胶体物质,将周围的颗粒物质黏合在一起,形成胶结结构;(2)生物诱导,是指微生物利用环境中的某些成分或阳离子,进行生命代谢活动而产生沉积;(3)生物矿化,如某些微生物能够催化矿物物质的沉积,形成矿化结构,如铁锈、硫化物矿物和硅酸盐矿物等;(4)生物构造,某些微生物通过自身的生长和骨骼沉积,形成复杂的生物构造。这是生物控制的沉积,沉积化学发生在有机质基体或微生物的囊泡中,微生物的代谢活动准确地控制成核位点、沉淀速率,影响沉积物的成分、尺寸等,如珊瑚礁、海绵礁和微生物地层等。低温热液中生物在上述各种作用下,会产生丰富矿藏,如 Au、Ag、Pb、Zn、Cu、As、Hg、Sb 的含矿有机热液成矿。

一、对碳酸盐沉积的作用

1. 作用类型

碳酸盐沉积有生物沉积和非生物沉积。碳酸钙的生物沉积主要有三种途径:生物控制的沉积、生物诱导的沉积、生物影响的沉积。生物控制的沉积是生物遗体堆积而成的沉积,分为异养生物控制和自养生物控制;又因生物生存环境不同,分为暖水型和温水型等。生物影响的沉积为有机基质与有机和/或无机化合物相互作用而形成的沉积,不需要细胞外或细胞内的生物活性。生物诱导的沉积是微生物通过代谢作用产生的沉积。微生物细胞壁表面带有大量负电荷官能团,能够有效地吸附 Ca^{2+}、Mg^{2+} 等阳离子,而有机底物在酶的作用下不断水解生成 CO_3^{2-},与被吸附在细胞表面的 CA^{2+} 等阳离子发生反应生成沉淀,如滩涂、珊瑚礁和石笋等。又如尿素分解菌在水解环境中的尿素,释放大量 OH^- 以及 CO_3^{2-},OH^- 提供了可生成碳酸钙的碱性环境,释放的 CO_3^{2-} 与环境中存在的 Ca^{2+} 相结合生成碳酸钙矿物。另外,还有氨基酸氨化、反硝化、异化硫酸盐菌的还原作用、光合作用、甲烷氧化等微生物代谢诱导类型。这些过程受到钙源、温度、pH 条件、离子浓度等多种关键因素的影响。微生物诱导碳酸钙沉淀过程在海水和沉积物中十分常见,且具有应用潜力,近年来受到了广泛的关注。利用尿素分解菌修复环境已成为当前微生物地质环境领域广为应用的技术之一。

各种类型的生物作用的不同综合结果,造成不同的碳酸盐沉积类型的存在,如鲕粒型、灰泥丘型、冷水型、热带浅水型等。

2. 成矿特点

生物沉积伴随着成矿过程。生物有机物埋藏过程中发生矿化过程,影响碳酸盐成核位点。生物控制的沉积,是生物内部酶控形成的内分泌物或外骨骼的直接堆积。形成的碳酸盐在遗传控制的大分子基质之外成核而沉积。生物诱导的沉积是生物活动导致的介质发生物理、化学变化而产生的原位沉积,成核点就在有机基质内部。生物影响的沉积以环境因素影响为主。不管是底栖微生物的钙质骨骼经矿化产生的碳酸盐矿物,还是生物遗体分解导致的介质发生物理、化学变化而产生的原位沉积,在不同的环境下会产生上述两种情况的成核位点。

3. 对演变的影响

白云岩是一种主要由白云石组成的沉积碳酸盐岩,最早出现于 29 亿年前,是前寒武纪主要沉积类型之一,于元古宙极盛,超过石灰岩(以方解石为主要成分的碳酸盐岩),显生宙时的产出则少于石灰岩。

微生物作用可解决硫酸根与钙、镁的结合形成白云石 $CaMg(CO_3)_2$ 的动力学障碍。蓝细菌、硫酸盐还原菌、产甲烷菌、嗜盐古菌和细菌的活动消耗硫酸根离子,使抑制白云石成核作用的硫酸盐浓度降低,周围水体 pH 值上升,形成碱性的微环境,有利于碳酸钙、镁达到饱和而沉淀。元古代硫酸根离子浓度低,故白云岩发育。另外,嗜盐古菌在环境盐度升高时可以提高其表面羧基的含量,羧基与镁离子结合,使之可进入钙镁碳酸盐矿物晶格,诱导白云石沉淀。所以,这些微生物作用在盐碱环境中的表现更为突出。在晚太古代,嗜盐古菌、硫酸盐还原菌、蓝细菌(产氧光合)等作用导致白云岩的出现。第一次大氧化事件对沉积白云岩的促进作用十分巨大。

在距今 8 亿～6.5 亿年前的雪球地球时期,白云岩由于寒冷而衰退。在显生宙,白云岩衰退是由于后生生物爆发,限制了生物作用,只能限于干旱、咸化的局限海域中。

二、对 BIF 时代分布的影响

BIF 的形成过程也是生物参与的过程,不同条件下 BIF 形成的生物机制不同。

早太古代无氧条件:当时是富 Fe^{2+} 海洋,富 $CO_2 + H_2$ 大气。多数人认为 BIF 是厌氧光合铁氧化菌对二价铁(Fe^{2+})氧化作用的产物。38 亿年前,已存在 BIF 的代谢合成。

正的 Fe 异常及铁同位素反应低氧水体中二价铁的部分氧化是此类细菌的典型环境。

29 亿年前开始蓝细菌产氧光合作用后:在近中性低氧条件下,微好氧菌、硝酸盐还原菌可通过酶促反应氧化 Fe^{2+} 以获得能量促进生长。

在 20～25 ℃的温度下,微生物氧化 Fe^{2+} 的速率最高;随着温度的上下波动,Fe^{2+} 的氧化速率降低,而非生物的硅沉淀速率升高,从而形成了 BIF 硅铁互层。

BIF 消失的原因很多,生物机制可能为:35 亿年前左右已出现对厌氧氧化甲烷(AOM)的甲烷古菌(ANME)和产生 H_2S 的硫酸盐还原菌(SRB),随着海洋中各种含氧化合物如硫酸盐等的聚集,生物降解过程逐渐加强,在 18 亿年前左右海水表面以下的陆缘海洋变为硫化而非铁化。这对 BIF 在第一次大氧化事件后日益衰微以致在距今 18 亿年后的消失,有决定性影响。在 8 亿～6.5 亿年前的雪球地球时期,BIF 却因硫化海消失而重现。在显生宙,BIF 消失。这是由于生物爆发,造成氧化海洋而绝迹。

三、成岩中的成矿

在海洋沉积物早期成岩作用中,随着一系列氧化还原反应的进行,沉积物和孔隙水中元素会发生扩散和迁移。有机质降解产生的碳酸根离子和钙离子、亚铁离子结合会形成方解石、文石、菱铁矿等碳酸盐矿物,见图 5-8。这些都受到全球或者局部 C−S−Fe 生物地球化学过程的控制。

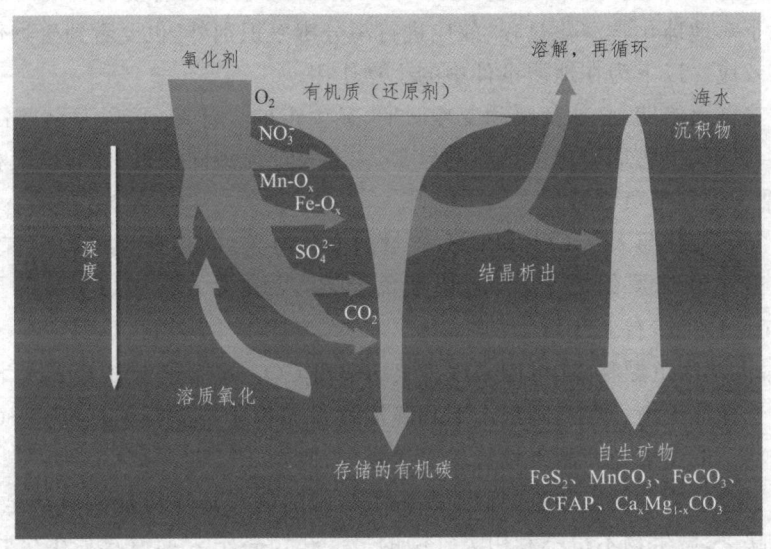

图 5-8　早期成岩作用垂直剖面图

在海洋沉积物早期成岩作用过程中,硫酸盐驱动甲烷厌氧氧化(SO_4^- AOM)对甲烷渗漏区黄铁矿的影响,草莓状黄铁矿是特征矿物,其形成条件及过程如图 5-9 所示。图中 a 显示在硫酸盐—甲烷过渡带(SMTZ)中,由于硫酸盐还原形成溶解硫化物,管状黄铁矿聚集体含量特别丰富。图中 b 给出其反应方程式。图中 c 显示黄铁矿在 SMTZ 内的生长机制。早期黄铁矿的形成受 OSR 控制,产生黄铁矿微结核(OSR 阶段:①)。当甲烷向上扩散(持续或不连续)并遇到向下扩散的硫酸盐时,甲烷被消耗,释放溶解的硫化物,从而使黄铁矿继续沉淀,δ^{34}S 值增大(SO_4^- AOM 阶段:②～④)。由此产生的黄铁矿特征为:内部为微结核,核外继续形成黄铁矿结晶,最终形成自形晶体。

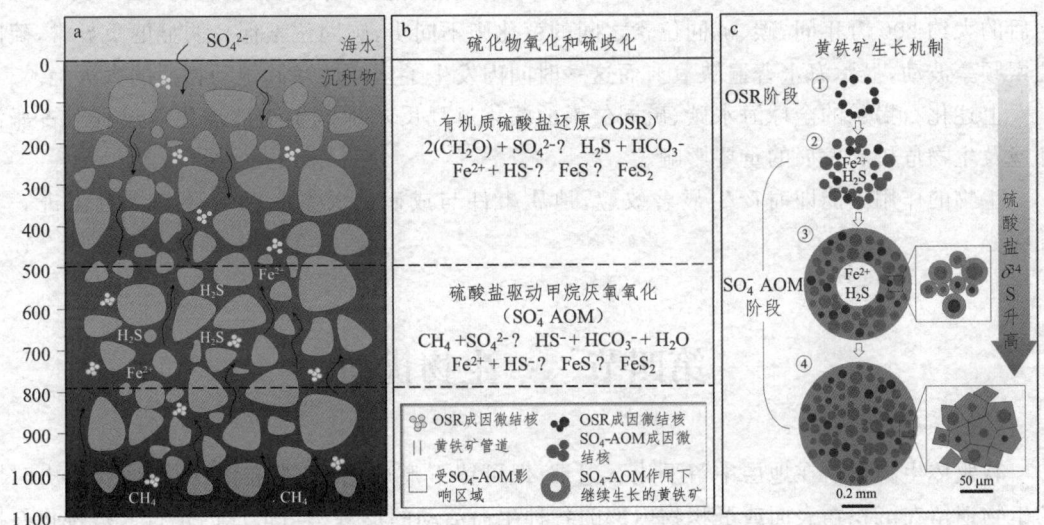

图 5-9　早期成岩作用过程中草莓状黄铁矿的形成

四、事件及记录

所谓"重大地质事件",是指在全球或巨域发生的、对全球具有重要影响的有地质记录的地质事件。除了对地球化学演化过程、效应进行高分辨率识别外,也要看到生物作用在大尺度下的宏观地球效应。以下为在地质事件中的生物作用。

重大生物集群灭绝期、全球变暖和变冷时期、显生宙的大洋缺氧,以及前寒武纪的大氧化时期伴随着碳、氮、硫生物地球化学循环的异常,主要表现为碳同位素、硫同位素和氮同位素的显著波动(包括正漂移与负漂移)。

碳循环的异常往往与大气 CO_2 和 CH_4 含量的变化有关,而这些气体影响古温度,引起生物危机。在三叠纪和侏罗纪之交,碳同位素负异常,反映古大气 $p(CO_2)$ 的显著升高。$p(CO_2)$ 由 $1\,000 \times 10^{-6}$ 左右上升到 $2\,700 \times 10^{-6}$ 左右,造成了生物钙化危机。在二叠纪和三叠纪之交,$\delta^{13}C_{carb}$ 大幅度负漂移,这可能是因为火山喷出 CO_2、水合物释放 CH_4。大量 CO_2 导致海洋钙质生物选择性灭绝。在奥陶纪末期和晚泥盆世弗拉阶与法门阶之交,$\delta^{13}C_{carb}$ 正漂移反映当时气候变冷。低温下异养微生物代谢明显降低,使 $\delta^{13}C_{carb}$ 正漂移。

二叠纪和三叠纪之交的氮和硫同位素反映了当时的海洋环境可能缺氧甚至硫化,生物可利用的氮非常缺乏,微生物不得不利用大气中的氮。在二叠纪末期海洋后生生物主灭绝前和二叠纪与三叠纪之交,硫同位素反映当时海洋缺氧程度加剧,化变层上升至海洋浅水部位。

西伯利亚地区的寒武纪早期地层剖面化石记录了该地区海水碳、硫同位素在寒武纪早期距今 5.24 亿年~5.14 亿年期间的 1000 万年时间内,也就是寒武纪大爆发的高峰时期,发生了5 次同步变化。当海水碳、硫同位素同步偏重(正异常)时,表明有机碳和黄铁矿埋藏量增加,导致氧气产量的快速增加;当海水碳、硫同位素同步偏轻(负异常)时,表明有机碳和黄铁矿埋藏量减少,导致氧气产量的快速减少。碳、硫同位素变化幅度反映了大气和浅海中氧气含量的变化幅度。而距今 5.14 亿年之后碳、硫同位素的不同步变化则反映了海水的普遍缺氧。碳、硫同位素值与氧气产量发生的同步波动的次数和幅度,与该时期动物化石多样性变化的次数和幅度在时间上高度吻合。也就是说,氧气产量增加与动物多样性明显相关。距今 5.14 亿年之后的大约 200 万年间,碳、硫同位素之间的变化则不同步,碳同位素保持明显的负异常,硫同位素频繁波动,显示海水普遍缺氧。而这一时间内发生了全球性寒武纪动物群的大灭绝。

上述化石揭示的全球海水碳、硫同位素的演化过程反映了微生物地球化学过程对古海洋环境及生物危机和发展的重要影响。

生物的作用不能即时产生显著效应,地质事件与成矿的关系是巧合还是耦合需进一步证明。

第四节 ● 生物扰动

软躯体生物很少在地层中留下化石记录,但可留下痕迹化石/遗迹化石,即地质历史时期的生物遗留在沉积物表面或沉积物内部的各种生命活动的形迹构造形成的化石。痕迹化石揭示了生物对水-沉积物界面的扰动。

水-沉积物界面是联系底泥与上覆水的桥梁,控制有机质、营养盐和各种污染物的迁移转化过程。这些过程不仅受到沉积物理化性质(如有机质含量、渗透性)的影响,同时也受到沉积物生物性质(主要指生活于其中的各种生物)的影响。生物扰动就是底栖动物栖息于沉积物中,它们的各种活动,如摄食、避敌、排泄等行为。

生物扰动是一个非常重要的生态过程。通过影响化学反应条件,一个小尺度(μm～m)的生物扰动可以改变大尺度(如 50 m～100 km)的沉积结构,影响浅海物质交换及生态系统功能。

一、概述

1. 分类和分级

生物扰动类型可分为沉积物颗粒重建和洞穴通水两大类,大类下又分为六个亚类(见图5-10)。颗粒重建主要是指底栖动物各种行为造成的沉积物颗粒移动;洞穴通水是指底栖动物为了呼吸和觅食而对洞穴水和上覆水进行交换。两种扰动类型对沉积物产生不同的影响,见表5-1。

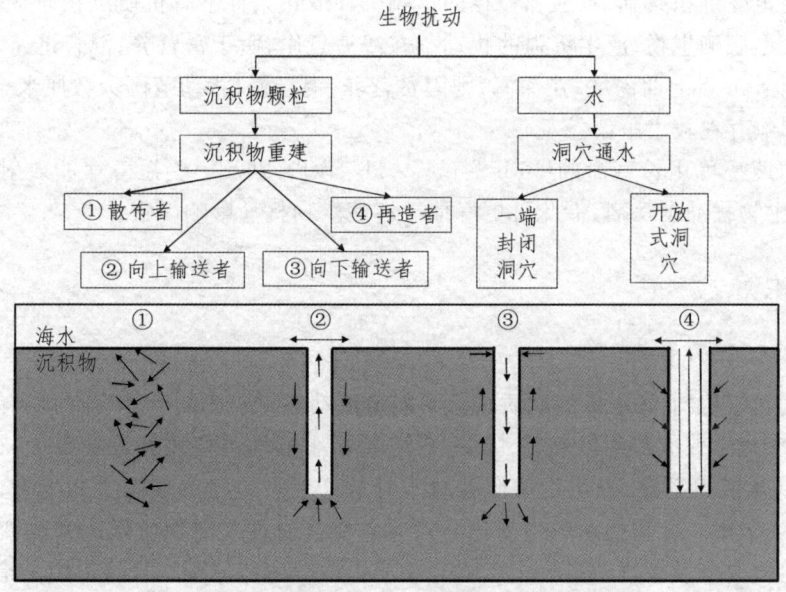

图 5-10 生物扰动类型

表 5-1 生物扰动类型及其对沉积物的影响

生物扰动类型	效应	搬运过程	沉积物种类	搬运类型
颗粒重建	生物混合	筑穴	沙、泥	扩散
		沉食性取食	沙、泥	非本地
洞穴通水	生物淋洗	洞穴水交换	沙、泥	非本地
		间隙水迁移	沙	平流输送/扩散
			泥	扩散

生物扰动分为六个等级:第一级为无生物扰动,地层保持原始沉积层理;第二级的遗迹化

石清晰可辨,至多10％的原始沉积层理被扰动;第三级的遗迹化石基本可辨,但潜穴局部相互叠覆,10％～40％的原始沉积层理被扰动;第四级的原始沉积层已难以辨认,40％～60％的原始沉积层理被扰动;第五级的原始沉积层已被完全破坏,但潜穴依然可以观察到;第六级的原始沉积层因扰动而彻底均一化。

2. 影响因素

生物扰动的影响因素有底栖动物种类、丰度和生活习性。生物种类决定扰动类型和深度。巨型底栖动物扰动影响沉积物水平方向混合;大型底栖生物扰动影响垂直涡旋扩散混合;较小型底栖动物扰动的影响范围是近表层12 cm以上;线虫和有孔虫动物则偶尔在沉积物深处扰动;囊虾首甲壳类和原腮目双壳类扰动在沉积层上部3 cm;多毛目环节和其他类似蠕虫类扰动在较深地层中。生物数量决定扰动强度,两者呈正相关关系。

生物扰动的另一个影响因素是食物供给的数量和频率的影响。深海觅食沉积物的动物扰动远大于以悬浮物为食的动物扰动。有机质含量影响底栖动物的大小和活动,进而影响扰动深度和强度。例如:在北大西洋深海区,有机碳通量增加1 g/(cm^2·a),生物扰动层厚度增加2 cm。不稳定的活性有机质浓度低,底栖动物摄食的沉积物更多,扰动强度更大。

生物扰动也受沉积速率、水深和粒径的影响。在氧化条件下有机质沉积通量较高,因而有较高密度的大型底栖生物,产生更强的扰动。在浅海近岸,由于富营养、混合迅速,扰动范围为几十厘米深至1 m以上的深度;在深海,则因贫营养、混合慢,扰动范围为数厘米至20 cm。沉积物粒度的影响存在较大争议。

生物扰动速率可用长寿命的^{210}Pb测试,^{234}Th、^{228}Th以及一些短寿命的放射性沉降同位素,是良好的生物扰动示踪剂,借此可更好地搞清楚生物扰动影响因素。

二、沉积效应

1. 对界面过程的影响

生物扰动对沉积物-海水界面物质转化和能量流动有重要影响。其有直接和间接的影响,产生物理效应、化学效应和生化效应。物理效应包括影响增强传质和改变界面状态。前者表现在使海水氧化能力下渗、强化物质向孔隙水释放。后者包括改变微生物生境,成为反应场所,强化释放或吸附。生物扰动产生的化学效应主要是通过改变物质形态来改变反应物的活性。所谓的生化效应是指扰动影响了生物分泌或摄取等生理过程。直接影响是指直接改变物质性质;间接影响是通过改变条件产生效应,如氧化还原环境、增加界面、产生吸附物。生物扰动产生的沉积效应具体如下:

生物扰动可影响沉积物的稳定性。食底泥动物再造沉积物,使其再悬浮和侵蚀,沉积物变得不稳定。相反,海草和固着动物不断固定沉降的细颗粒;端足目和多毛纲等管状钻穴动物形成高密度的席状物,减少沉积物的再悬浮和侵蚀;微生物的黏液胶结作用,使海床更稳定。

生物扰动可改变沉积物的物理和化学性质,包括加深氧化能力、增加微生物群落、增强矿化作用。生物灌洗改变孔隙水化学组成,产生新界面,可使微生物活力更强,通过向深层间歇性供氧,加深氧化/还原层边界。生物通过洞穴和管道,可增大缺氧间隙水与含氧上覆水的交换面积,可增加洞穴和管道的内壁附着的特定微生物群落。鬼虾灌洗改变水动力,使有氧-无氧周期性变化(1～1.5次交换/h),其巢穴区90％以上时间有氧,从而强化有机质矿化。

生物扰动还会影响沉积物的早期成岩。生物扰动强时可控制沉积物的输送。生物的翻动作用使基质暴露,增强有机质分解;对沉积物的摄食会消耗微生物、刺激细菌生长,增强有机质再矿化;生物的排泄/分泌活动会释放黏液、营养素,刺激细菌生长,增强有机质再矿化;生物的洞穴/分泌会合成难熔或抑制性结构产物,降低有机质再矿化;冲灌则提供可溶的氧化剂,降低代谢物堆积,增强氧化还原作用,也增强再矿化作用;生物活动帮助颗粒物在主要氧化还原带之间的传输,导致氧化还原作用增强,从而增强再矿化。

生物扰动影响硝化作用、反硝化作用、氮营养盐和氨氮等的释放。正颤蚓密度较低(20 000个/m^2)时,生物扰动提高氮硝化;密度较高(70 000个/m^2)时会降低硝化作用。生物扰动可促进硫化物释放,抑制微生物从而降低硝化作用。关于硝酸盐或氨氮的释放,有蟹洞穴＞无蟹洞穴＞无蟹区。颤蚓的扰动可提高其释放的200%。浅海湾76%的氨氮释放归结于生物淋洗。

生物扰动影响氮循环,有助于海底系统中 N_2 的更新。由于扰动,氧气可进入更深的沉积物,增强了硝化-反硝化的耦合,导致沉积物中氮的损失。而扰动产生的洞穴为硫酸盐还原细菌提供氧化区(缺氧但 NH_4^+ 浓度较低),通过反硝化作用平衡了氮的损失。

生物扰动会影响沉积物中溶解性磷(SRP)向水体释放、改变沉积物中磷的化学形态、促进有机磷降解。颤蚓的生物扰动提高了 SRP 释放的190%,琥珀刺沙蚕的扰动提高了 SRP 释放的60%～70%。水丝蚓增强沉积物矿物质对间隙水 SRP 的吸附。河蚬的生物扰动提高了氧含量,使 Fe^{2+} 转化为水合铁氧化物,通过吸附 SRP,增加了铁结合态磷。

生物扰动对重金属的影响表现为促进其向水体释放,改变化学形态。比如通过直接或通过改变沉积物理化性质促进金属向水体释放。颤蚓的扰动提高了沉积物中镉的迁移能力,但又促进了碳酸盐矿物颗粒对镉离子的再吸附。生物扰动可提高沉积物的氧化还原电位,促进硫化物的氧化,导致环境 pH 值下降,增强了铜和锌的可生物利用性。生物扰动可能增强微量金属在环境中的迁移行为,增加环境风险。

生物扰动对疏水性有机污染物(HOCs)也有影响,表现为促进向水体释放、加强富集和代谢、提高生物降解。传统观点认为生物扰动增加水体中颗粒态污染物,近年研究发现也增加水体中溶解态污染物。底栖动物的排泄物提高了间隙水中的 DOC 含量和水相中的 PAHs 含量。沉积物中的黑炭具有较强的吸附能力,抑制生物扰动,促进沉积物中 HOCs 解吸。生物扰动对疏水性有机污染物的释放的影响与动物种类、密度,沉积物性质,以及水化学条件相关。

因提高了 HOCs 的生物有效性,故增加了其对人类的威胁。底栖动物通过体表吸收和摄食沉积物,使 HOCs 更容易富集于其体内。某些底栖动物对 HOCs 具有代谢能力。生物扰动提高生物降解的方式有:间歇性地向深层输送氧、影响微生物菌群变化、使颗粒物纵向迁移、排泄物有助于 HOCs 从沉积物中解吸、与微生物接触,消化液中的助溶剂也促进生物降解。

2.对沉积物的影响

生物扰动改变沉积物的理化性质,驱动微生物群落结构的组成和功能,对生物地球化学循环过程具有重要影响。对其影响的沉积地球化学的研究有助于揭示这种微环境的改变对全球产生影响的机制。以下以生物扰动对现代的红树林土壤的影响和对早三叠世黄铁矿埋藏的影响为例介绍其对沉积物的影响。

（1）对红树林沉积物微生物群落的影响

大型底栖动物和微生物群落是红树林生态系统的两个重要组成实体，在驱动生物地球化学循环过程中发挥着不同的作用，如图 5-11 所示。除了有如上所述的对沉积物界面过程的影响外，大型底栖动物的生物扰动通过与微生物群落的相互作用而对沉积物有影响。一方面，大型底栖动物的扰动会影响微生物的群落结构和功能，进而改变微生物介导的物质循环过程；另一方面，微生物的活动也会影响沉积物的理化性质，对大型底栖动物的分布产生反作用。

大型底栖动物的活动将氧气引入沉积物深层，显著改变其氧化还原电位，改变微生物群落结构，促进微生物的好氧代谢过程，进而强化复杂碳水化合物的好氧降解；此外，氧化还原电位的提升还有助于还原物质的氧化，抑制微生物硫还原代谢过程，减少硫化物积累。

蟹洞通过增加沉积物-水界面的接触面积促进异氧呼吸比例的增加，且沉积物中 CO_2 和 CH_4 的外流速率与蟹洞密度显著相关，表明蟹洞改变沉积物的物理结构影响微生物的代谢活动，促进沉积物中的物质循环。

蟹类甲壳的生物膜上富集着 N 循环相关的微生物群落，而蟹的扰动有利于提高固氮反应和 DNRA 过程的速率，形成的微生境中含有较高的总氮、总碳和氨氮含量，有利于功能微生物生长，促进 NH_2OH 氧化及反硝化作用，强化了 N_2O 的释放。在氮限制的红树林生态系统中，蟹类的扰动对氮循环的作用具有重要意义。

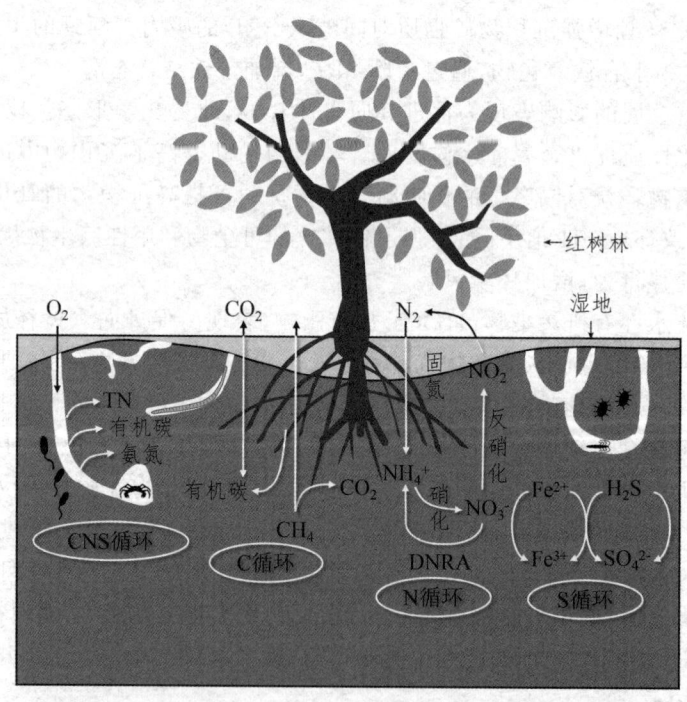

图 5-11　大型底栖动物－微生物群落－红树林功能关联示意图

（2）对黄铁矿埋藏的影响

2.5 亿年前二叠纪末西伯利亚火山喷发后引起环境扰动，发生生物大灭绝。主流假说认为，海洋缺氧是造成物种灭绝的主要原因。

沉积物中碳酸盐伴生硫酸盐（$\delta^{34}S_{CAS}$）和黄铁矿中的硫同位素，揭示二叠纪和三叠纪早期硫循环，可再现当时的沉积环境的一些细节。

在早三叠纪，$\delta^{34}S_{CAS}$ 强烈正偏移，表明海水中硫酸盐浓度极低。碳酸盐中 ^{13}C 的 $\delta^{13}C_{carb}$ 和 $\delta^{34}S_{CAS}$ 之间发生耦合变化，表明可能存在长期的有机碳和黄铁矿埋藏过程。这是因为海洋生产力和有机碳通量的提高将导致 $\delta^{13}C_{carb}$ 的正偏移，缺氧期间这种富含有机物沉积的状态也会促进微生物硫酸盐的还原，进而增加贫 ^{34}S 的 FeS_2 埋藏。

除了这个原因外，黄铁矿埋藏的增强还有下三叠统地层混合层损失及生物扰动强度低的原因。生物大灭绝造成了 90％海洋物种的灭绝，再加上氧气最低带（OMZ）扩大，导致生物扰动强度低。OMZ 的扩大是构造运动的结果，海洋表面温度极高加剧了其程度。这极大地阻碍了动物的恢复。华南和世界其他地区碳酸盐岩和硅质碎屑岩地层的勘察结果证实全球下三叠统地层中生物扰动强度普遍降低。弱的生物扰动造成的沉积物混合层损失限制了孔隙水中氧气的向下扩散，导致黄铁矿沉降增加，并阻止其进一步氧化。缺氧及富含有机物的条件促进硫酸盐还原，使 SO_4^{2-} 少、贫 ^{34}S 的 FeS_2 大量沉积。也就是说，下三叠统地层中低的生物扰动强度，导致早三叠纪海洋中黄铁矿埋藏增强和硫酸盐浓度降低。

3. 对沉积记录的影响

生物扰动作用可引起沉积物的扩散混合和非原地混合。平滑沉积物中记录的古气候、古海洋信息，导致环境信号记录的扭曲、位移和模糊。将对葡萄牙大陆坡动藻迹建造内的沉积物与周围的沉积物进行的 ^{14}C 加速质谱仪测试结果进行对比，可发现动藻迹内的沉积物的 AMS-^{14}C 测年结果平均年轻了 1.5 ka；而在沉积速率较低的阿拉伯海，这种误差可达 10 ka。生物扰动对北大西洋海洋沉积物和对冰芯的地层记录中的千年尺度事件（1～10 ka 周期）具有衰减作用，其中生物混合速率的变化对衰减有较大的影响。例如对于 4 ka 周期事件，当沉积速率为 10 cm/ka 时，衰减幅度在强混合条件下减少 75％，在弱混合条件下减少 25％。

高分辨率测试技术使得再现古气候、古洋流和地质事件的分辨率可达几百年到几十年，而生物扰动可造成几百到几千年的年龄偏移。为确保年龄测定和古海洋信息获取的正确性，在岩芯分样前可通过 X 射线照相等方法得到关于沉积物结构变化和生物扰动作用的丰富信息，这样在进行 AMS－^{14}C 测年时，可避免混入动藻迹这类生物扰动的物质。另外，在进行千年尺度事件的区域性比较时，应选择具有弱的生物混合或者沉积速率超过 50 cm/ka 的岩芯样品，以避免生物扰动造成的误差。

三、地质影响

持续的生物扰动可在地质尺度上产生影响，对生物圈、岩石圈产生巨大效应。

1. 底质革命

寒武纪大爆发时期后生动物扰动作用的逐步增强导致海底底质发生了根本性变化，由元古代型藻席底质转变为显生宙型混合底质，这被称为底质革命。

如图 5-12 所示，从新元古代到显生宙，正常浅海硅质碎屑岩从受物理的、微生物的作用到后生动物的作用增强，导致底质结构由层状，变为混合状。

底质革命在寒武纪生命大爆发中起着重要作用。有人推测，在前寒武纪晚期，陆地生物扰动导致黏土矿物的大量形成，被输送到海底的黏土矿物清扫有机质加速了有机质的埋藏，减少了有机质降解中氧的消耗，大气和海水中的氧大量增加，导致了海底后生动物在寒武纪大爆发。

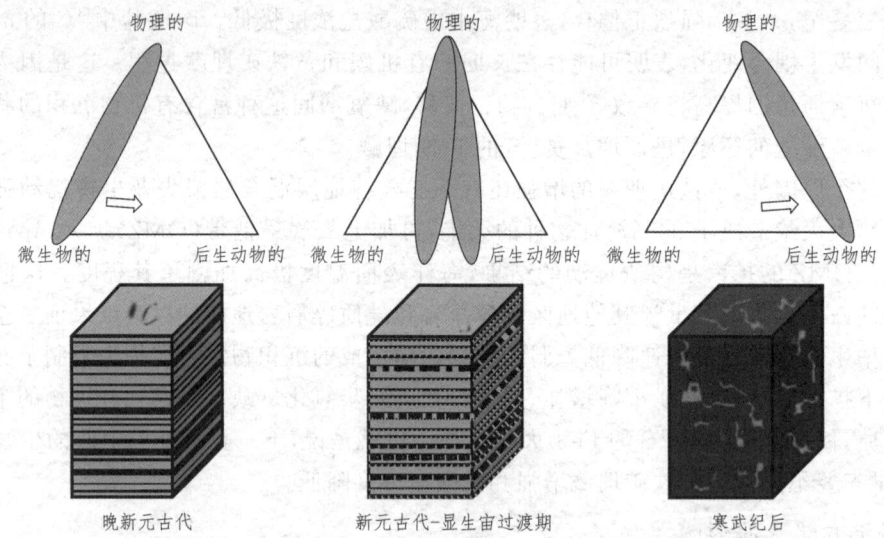

图 5-12 新元古代-显生宙正常浅海硅质碎屑岩相中物理的、
微生物的和后生动物的作用对底质结构的影响

也有人认为,生物的这种"钻穴革命"改变了前寒武纪海底生态系统的结构和功能,可能产生新的生物地球化学状态,开拓了重要的生态空间,创造了新的生境,也会提高动物的环境适应性,促进寒武纪各种生命的大量出现。

2. 对石油地质的影响

生物扰动改变岩石的孔隙度和渗透率,从而影响了油田储层质量、储量和流动特征。例如,在阿拉伯 Ghawar 油田 super-k 地层,无扰动的底质为低孔隙度微晶方解石坚硬底质,甲壳类动物寄居其中形成稠密的掘穴网络,然后掘穴被碎屑质糖粒状白云石充满,成为油可自由地渗流的通道。

生物扰动可形成三种类型的非均质地质,分别有不同的物理化学成因模式。

类型Ⅰ的成因模式为:沉积间段开始,扰动的生物形成洞穴,在海水的化学作用下基质发育钙质结核,生物避开钙质结核继续钻穴。结核逐渐发展成连续的固底,上覆粗粒沉积物充填洞穴。

类型Ⅱ的成因模式为:扰动的生物产生甲壳类所筑的巢穴,海水的化学作用使巢穴与基质发生胶结。巢穴为优势淋滤渗流通道,胶结物会被溶蚀,基质保持致密。

类型Ⅲ的成因模式为:扰动的生物产生洞穴,洞穴富集仙掌藻生屑,而基质相对富集棘皮生屑。不同生物碎屑易受到不同的成岩作用改造,仙掌藻易受淋滤作用形成铸模孔,棘皮周缘则易发育次生加大胶结。在埋藏条件下,洞穴受油气充注抵御压实,铸模孔隙得以保存;基质则愈发致密。洞穴与基质受到差异溶蚀、胶结、压实作用,最后形成复杂的储层非均质性。

对生物扰动影响下的地球化学内在机制的理解需要建立理论概念、数学模型和获取更多的实验数据,需要多学科间的整合来搞清其在生态系统动力学、地质演化中的作用。

思考题

1.碳循环未来的研究重点是什么？

2.举例说明碳—氮—硫循环对气候的影响。

3.举例说明碳—氮—硫的耦合循环过程。

4.简述早期生命与地球大气、深部海洋的协同演化的几种模型。

5.什么是中生代海洋革命？浮游革命对碳泵演变的影响是什么？

6.简述早期成岩作用中的成矿过程。

7.什么是生物扰动？生物扰动对沉积物有什么影响？

8.生物扰动的影响因素有哪些？

9.生物扰动的类型有哪些？

10.生物扰动是如何影响沉积物氧化还原条件的？

11.生物扰动对溶解性磷(SRP)向水体的释放有哪些影响？

第六章

海洋有机地球化学

海洋沉积物中的有机组分会影响海洋沉积物的性质,如提高颗粒物之间的黏性,限制其再悬浮,从而为底栖生物提供充足的食物来源。另外,它们也提供了化石燃料形成以及古海洋学事件的诸多信息,为反演海洋演化历史提供了极佳的指示剂,是研究古气候和古环境的重要依据。本章将介绍有机沉积物的早期成岩及成岩作用,以及分子化石提供地球化学信息的技术。

第一节 ◎ 有机质的早期成岩

一、概述

海洋沉积物特别是近海沉积物,是海洋生态系统中能量转化和碳循环的重要场所。海洋中 90% 以上的有机质埋藏于陆架边缘的海洋沉积物中。

成岩作用是沉积物演变为沉积岩直到变质或风化的地质过程,包括物理压实、化学溶解和胶结、生物降解等作用。早期成岩是埋藏期间有机质降解的过程。沉积物中绝大部分有机物在早期成岩作用过程中矿化并释放营养盐。

沉积物中有机质经过微生物的系列降解,消耗不同的电子受体(氧化剂)。因电子受体自由能的差异,存在成岩顺序,在深度上表现为有特征氧化带。

电子受体按自由能变化从大到小依次为 O_2、NO_3^-、锰铁氧化物、SO_4^{2-} 和 CO_2。理想的海洋沉积物在深度上呈氧化还原序列,孔隙水成分形成的化学分层造成生物地球化学分带特征,见图 6-1。表 6-1 所示为有机质降解化学反应及反应自由能。

有机质的矿化路径,不仅决定于降解反应自由能,还取决于底水的氧化还原条件、沉积环境、沉积速率、沉积物组成、生物扰动强度及水动力学条件(如再悬浮)等。各种矿化路径存在竞争,受上述条件的影响。

因此,在沉积物剖面上极少形成理想的氧化还原序列,常出现某些路径缺失,或在特定深度多种路径共存,甚至出现氧化还原序列倒置。理想的氧化带只是研究沉积物早期成岩作用的理论框架和探讨非稳态成岩动力学的基本参考系。

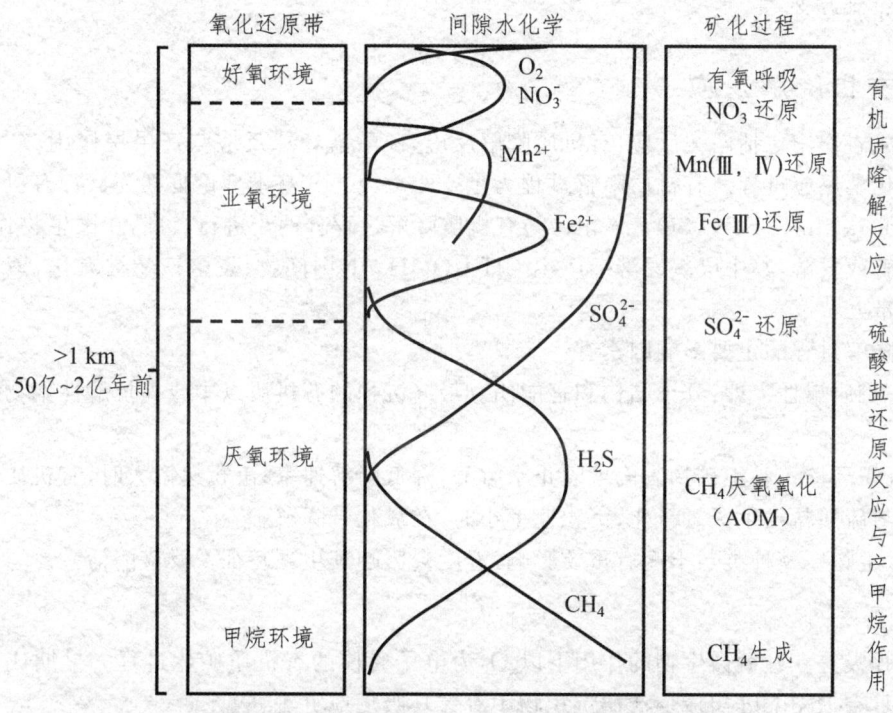

图 6-1　理想的海洋沉积物氧化还原序列及生物地球化学分带

表 6-1　有机质降解化学反应及反应自由能

类型	有机质降解反应	$\Delta G^{\ominus}/(kJ/mol)$
氧还原	$(CH_2)_{106}(HN_3)_{16}(H_3PO_4)_1 + 138O_2 \rightarrow 106CO_2 + 16HNO_3 + H_3PO_4 + 122H_2O$	$-3\,190$
锰还原	$(CH_2)_{106}(HN_3)_{16}(H_3PO_4)_1 + 472H^+ + 236MnO_2 \rightarrow H_3PO_4 + 106CO_2 +$ $236Mn^{2+} + 8N_2 + 366H_2O$	$-3\,090$（钠水锰矿） $-3\,050$（六方锰矿） $-2\,920$（软锰矿）
硝酸盐还原	$(CH_2)_{106}(HN_3)_{16}(H_3PO_4)_1 + 94.4HNO_3 \rightarrow H_3PO_4 + 177.2H_2O + 106CO_2 +$ $55.2N_2$	$-3\,030$
	$(CH_2)_{106}(HN_3)_{16}(H_3PO_4)_1 + 84.8HNO_3 \rightarrow H_3PO_4 + 148.4H_2O + 106CO_2 +$ $42.4N_2 + 16NH_3$	$-2\,750$
铁还原	$(CH_2)106(HN_3)16(H_3PO_4)_1 + 212Fe_2O_3 + 848H^+ \rightarrow H_3PO_4 + 530H_2O +$ $106CO_2 + 16NH_3 + 424Fe^{2+}$	$-1\,410$
	$(CH_2)_{106}(HN_3)_{16}(H_3PO_4)_1 + 424FeOOH + 848H^+ \rightarrow H_3PO_4 + 742H_2O +$ $106CO_2 + 16NH_3 + 424Fe^{2+}$	$-1\,330$
硫酸盐还原	$(CH_2)_{106}(HN_3)_{16}(H_3PO_4)_1 + 53SO_4^{2-} \rightarrow H_3PO_4 + 106H_2O + 106CO_2 + 16NH_3$ $+ 53S^{2-}$	-380
甲烷生成	$(CH_2)_{106}(HN_3)16(H_3PO_4)_1 \rightarrow H_3PO_4 + 53CO_2 + 53CH_4 + 16NH_3$	-350

　　沉积物中有机质的成岩矿化是碳和营养盐循环的主驱动力。不同矿化路径的相对强度不仅影响沉积物-水界面有机碳矿化和营养盐再生,也影响 S、Fe、Mn 等氧化还原敏感元素及一些微量元素的地球化学循环。在地质时间尺度上,有机质的成岩矿化还控制大气中 O_2 的演化。因此,沉积物中有机质的成岩矿化路径及其相对贡献的定量研究一直是海洋沉积物地球

化学的研究热点之一。

二、有机降解反应

早期成岩作用包括两类反应:有机质降解反应、硫酸盐还原反应与产甲烷作用;复杂的微生物地球化学反应过程。有机质降解过程为主要驱动力。其基本理论框架为:(1)有机质依次被 O_2、NO_3^-、Mn^{4+}、Fe^{3+}、SO_4^{2-} 氧化;(2)有机质降解过程分两步进行。即:在微生物作用下,有机质水解或发酵,其中厌氧发酵会产生 CH_3COOH、H_2 中间物;发酵产物被氧化,该步决定氧化还原带。

有机降解过程的主要影响因素有:

(1)有机质属性。即:分子结构和官能团。最终沉积的有机质以中或高抗解性生物聚合物为主。

(2)沉积环境。黏土矿物表面可阻止水解酶,降低降解速率;沉积速率大时,有机质快速埋藏到深部与硫酸盐发生厌氧氧化;沉积速率小时,在氧化带降解。

(3)微生物。其种类与丰度有重要影响,温度会影响其生理特征及反应酶活性。

1. 有氧呼吸

有氧呼吸是在好氧微生物的作用下以 O_2 为电子受体的有机质矿化过程。早期成岩作用的有机质具有 Redfield 组成。浅层沉积物中有氧呼吸反应见表 6-1。

有氧呼吸速率和沉积速率有关:$R_{O_2} = 4(R_{sed})^{0.6811}$。其中,$R_{O_2}$ 和 R_{sed} 分别为有氧呼吸矿化速率[mmol/($cm^2 \cdot a$)]和沉积速率[g/($cm^2 \cdot a$)]。

化学氧化耗氧速率不等于 R_{O_2},不能通过测化学氧化耗氧速率直接测 R_{O_2},而只能通过质量平衡间接估算。估算的前提是对有机质降解全面了解。早期对有氧呼吸在矿化中的贡献高估为 50%,就是因为忽略了其他路径,尤其是在近海起着重要作用的铁锰异化还原。现在估计的有氧呼吸的贡献只占有机质矿化的(18±10)%。

从深海、半深海到陆架海,沉积物中 R_{O_2} 增大,而有氧呼吸对矿化的相对贡献变小,因为 O_2 扩散深度有限。有数据表明,西北大西洋沉积物中有氧呼吸的面速率范围为 0.000 74~0.019 mmol/($cm^2 \cdot a$),东北太平洋的面速率范围为 0.016~0.057 mmol/($cm^2 \cdot a$),O_2 扩散深度可达几米甚至几十米。而在华盛顿沿海沉积物中,其速率多大于 0.3 mmol/($cm^2 \cdot a$),但 O_2 扩散深度仅为几厘米甚至几毫米。当然,在局部浅海沉积物中,再悬浮会大大提高有氧呼吸的相对贡献。例如在美国 Galveston 海湾,由于频繁的再悬浮,有氧呼吸的深度大于 2 cm,其面速率达 0.95 mmol/($cm^2 \cdot a$),对有机碳矿化的相对贡献高达 85%~90%。

2. 反硝化作用

硝酸盐还原反应见表 6-1,分别是反硝化反应和硝化的逆反应。

反硝化作用多发生在表层沉积物中,随深度的增大,快速转为锰、铁还原路径。反硝化作用的面速率一般在 0.5~2 mmol/($m^2 \cdot d$),但常表现出相当大的变化,其变化可在 2 个数量级以上。

反硝化作用是海洋氮生物地球化学循环的重要过程之一,但该路径对有机质矿化的贡献却很有限(< 10%),多数 < 6.5%。在 O_2 亏损水体或富营养化水体中,沉积物中反硝化作用对有机质矿化的相对贡献明显提高,例如在氧化性的华盛顿边缘海沉积物中,反硝化作用的贡

献为30%；在O_2严重亏损的墨西哥边缘海沉积物中，其贡献上升到43%。氧化性沉积物中的反硝化速率高于O_2严重亏损沉积物中的速率，其原因是前者能长期维持硝化-反硝化的耦合，而后者却不能。相对于(低氧)缺氧沉积物而言，氧化性沉积物分布更广。因此，就全球而言，氧化性沉积物中反硝化作用对有机质矿化的相对贡献远大于缺氧沉积物中的贡献。

3. 铁锰氧化物的异化还原

铁、锰是海洋沉积物中重要的氧化还原敏感元素。铁锰氧化物的异化还原是厌氧环境下微生物将铁锰氧化物还原的生化过程。其反应方程式见表 6-1。铁锰氧化物也可被S^{2-}和NH_4^+还原。SO_4^{2-}还原产生的硫化物，其中90%被O_2和铁锰氧化物氧化，而铁锰氧化物还可作为$Fe(II)$的氧化剂。以上过程称为铁锰的无机还原(或非生物还原)。

通过对铁锰还原菌分离、纯培养及铁锰氧化物还原能力的实验，厌氧培养、沉积物固相化学和孔隙水化学等研究证实，在海洋沉积物中，尤其在富含铁锰沉积环境中，铁锰氧化物的异化还原在有机质矿化中具有重要作用。由于没有直接准确测定铁锰氧化物异化还原速率的有效方法，其定量研究至今仍无较大进展。

影响铁氧化物的异化还原的主要因素是化学因素。在热力学上，铁还原菌优先于硫酸盐还原菌。但实际中，两者共存或被抑制。可能原因是铁氧化物为颗粒相，反应仅在颗粒表面。另一个可能原因是上述活性铁优先参与硫化物的氧化；另一个化学因素就是铁(III)活性的影响。只有高活性$Fe(III)$才能被铁还原菌作为电子受体。Jensen 等定量描述了这一关系，即铁异化还原占有机碳厌氧矿化的相对贡献(%FeR)为：

$$\%FeR = (1 - e^{a[Fe(III)]}) \times 100\% \qquad (6-1)$$

式中：$[Fe(III)]$为活性铁氧化物含量($\mu mol/L$)。在盐沼和近海沉积物中，$a = 0.056 \pm 0.04$；在红树林沉积物中，$a = 0.053 \pm 0.06$；在淡水湿地中，$a = 0.029 \pm 0.02$。

另一类影响因素是环境条件。有机质和氧含量的影响特点是：在远洋深海，低沉积速率，要是有氧呼吸；近海富含有机质，导致O_2耗尽，SO_4^{2-}还原速率提高，且铁氧化物优先被硫化物还原；在高纬度海域，初级生产受限，有机质沉积速率中等或较低，铁异化还原重要，在富铁沉积物中甚至主导。生物扰动和生物灌溉作用对铁锰异化还原的影响为：生物扰动是再生铁氧化物的重要条件，加上植物根系导氧，有机质矿化可全部由铁异化还原完成。植物根系除导O_2可引起铁氧化物的再生外，还可能因为过密限制生物扰动。另外，分泌的活性低的有机酸也会刺激SO_4^{2-}还原。总之，铁异化还原起重要作用的沉积物特点是：铁含量较高，且分布深度较大；有机质沉积速率中等或较低；生物扰动和灌溉强度大，能保证铁氧化物能反复再生。由于竞争，发生硫酸盐还原，而不是铁异化还原的沉积环境为：富含有机质；O_2快速亏损；缺少生物扰动和灌溉；植物根系分泌大量活性低的有机酸。

锰异化还原有上述类似规律，其还原速率更大，氧化能力更强，但对矿化的贡献一般$<$10%。其局限性在于锰丰度低、分布浅且氧化锰优先因无机还原(消耗于HS^-、Fe^{2+}及NH_3等)。锰高度富集区中贡献率则$>$90%，但这并不具代表性。就绝大多数正常陆架海沉积物而言，锰异化还原对有机质矿化的贡献很有限。因此，铁异化还原及SO_4^{2-}还原是有机质最重要的厌氧矿化路径。

综合来看，铁锰异化还原的特点是：孔隙水中Fe^{2+}和Mn^{2+}浓度低、梯度小，但其高活性，生物扰动可使其循环反应达100~300次，对循环反应的忽视是其强度被低估的原因；发生深

度一般在 $O_2 \sim NO_3^-$ 还原带以下至 $3 \sim 10$ cm，非稳态的富铁沉积物中深度可达 1 m；边缘海沉积物中铁异化还原占厌氧矿化的 $(22 \pm 17)\%$。

三、硫酸盐还原反应与产甲烷作用

根据孔隙水碱度和硫酸盐含量，该作用下的沉积物由上到下分为硫酸盐还原带、中间过渡带［发生 CH_4 厌氧氧化（AOM）］、甲烷生成带，见图 6-1。硫酸盐还原和甲烷生成反应方程见表 6-1。还原能分解生成的 CH_4。在中间过渡带，CH_4 厌氧氧化反应为：$SO_4^{2-} + CH_4 \rightarrow HCO_3^- + HS^- + H_2O$。

1. SO_4^{2-} 还原

在海洋沉积物的有机质矿化路径研究中，对 SO_4^{2-} 还原研究最为广泛，其原因有二：SO_4^{2-} 还原一直被认为是有机质厌氧矿化最主要的路径，引起了最广泛的关注；用 ^{35}S 同位素示踪法能较简便、较准确地测定硫酸盐还原速率（SRR），可对该路径进行定量研究。

SO_4^{2-} 浓度高（28 mmol/L），可在较大的深度范围内作为有机质矿化的重要电子受体。尽管在部分沉积物中铁异化还原对有机质厌氧矿化有较大的贡献，但就近海沉积物而言，SO_4^{2-} 还原是有机质厌氧矿化最重要的路径，其平均相对贡献达 $(62 \pm 17)\%$。

影响硫酸盐还原反应的因素有活性有机质含量、沉积速率、SO_4^{2-} 浓度、海况等。在正常海洋沉积物中，SO_4^{2-} 还原速率及对有机质矿化的相对贡献主要受活性有机质含量控制。活性有机质快速消耗 O_2，SRR 明显提高，且产生的硫化物抑制铁锰异化还原作用。$50\% \sim 90\%$ 的 SO_4^{2-} 还原发生在陆架边缘海沉积物中，但在远洋深海沉积物中，几乎不存在 SO_4^{2-} 和其他电子受体参与矿化反应。

沉积速率是控制活性有机质沉积通量及 SRR 的直接因素。SRR 及相对贡献的大小顺序为：远洋深海＜半深海＜陆坡＜陆架。$50\% \sim 90\%$ 的 SO_4^{2-} 还原发生在陆架边缘海沉积物中。Canfiled 建立了 SRR 与沉积速率的关系式［见式(6-2)］以及 SO_4^{2-} 还原对有机质矿化相对贡献的关系式［见式(6-3)］：

$$lgSRR = 1.52R_{sed} + 0.6 \tag{6-2}$$

$$R_{SO_4^{2-}}/R_T(\%) = (R_{sed})^{0.84} \tag{6-3}$$

式中：SRR 和 R_{sed} 分别为 SO_4^{2-} 还原速率和沉积速率；$R_{SO_4^{2-}}$ 和 R_T 分别为 SO_4^{2-} 还原对有机质的矿化速率和有机质总矿化速率。

大多数陆架边缘海中，SRR 高值可出现在几厘米至几十厘米的表层和浅层沉积物中，然后逐步减小。SO_4^{2-} 还原作用最终因活性有机质或 SO_4^{2-} 亏损而停止。在砂质沉积物中往往因活性有机质亏损而导致 SO_4^{2-} 还原停止，在富含有机质的泥质沉积物中则因 SO_4^{2-} 亏损而下降或停止。SO_4^{2-} 浓度高（28 mmol/L）时，是有机质矿化的重要电子受体，低于 4 mmol/L 时，SRR 才会受到抑制。

海况影响矿化路径。在静海相沉积环境和上涌区，沉积物会有异常高的 SRR。在缺氧的黑海水柱中活性有机质的沉积速率高，沉积物中有机质的矿化几乎都是由 SO_4^{2-} 还原实现。在智利陆架上涌区，初级生产力及活性有机质沉积通量高，沉积物中的 SRR 平均为 389 nmol/（cm³·d），比邻区沉积物中高 10 倍。在纳米比亚近岸上涌区，表层沉积物中 SRR 高达 3 000 nmol/（cm³·d）。但在巴基斯坦边缘海上涌区，由于表层沉积物富含铁锰氧化物，

$(Mn/Al)\times 10^{-2}$ 比值（$10\sim100$）远高于页岩中的比值（1.06）；Fe/Al 比值（$0.6\sim0.8$）也高于页岩中的比值（0.59）。在水深为 $940\sim1~850~m$ 的沉积物中，有机质矿化主要是通过铁锰异化还原完成。

在对硫酸盐还原过程中微生物的研究中，通过原位荧光染色技术发现，并非硫酸盐还原菌单一作用，而是与某种古菌的综合体作用。综合体中古菌和硫酸盐还原菌平均比例 100∶200。绝大部分古菌（94%）和硫酸盐还原菌（96%）都以聚合物的形式存在。最近研究表明，某些古菌可以单独氧化甲烷，还原硫酸盐，并不需要综合体。

2. 甲烷生成

甲烷生成是有机质早期成岩矿化的最终路径。由于 SO_4^{2-} 还原能有效抑制 CH_4 生成，只有在 SO_4^{2-} 消耗殆尽的情况下（$<1~mmol/L$）才会有 CH_4 生成。产甲烷反应是发酵产物（CH_3COO^-、H_2）被氧化的过程：

$$CH_3COO^- + SO_4^{2-} \rightarrow HS^- + 2HCO_3^-$$
$$CH_3COO^- + H_2O \rightarrow CH_4 + HCO_3^-$$
$$4H_2 + HCO_3^- + H^+ \rightarrow CH_4 + 3H_2O$$

上层的硫酸盐则向下运移，扩散程度制约硫酸盐还原带之下的硫酸盐还原反应。较深层的甲烷生成带生成的甲烷会向上运移，产生的甲烷上升到过渡区会被 SO_4^{2-} 氧化。

硫酸盐 SO_4^{2-} 极低，CH_3COOH 浓度显著升高，有利于产甲烷菌生长；若 SO_4^{2-} 浓度高，则 CH_3COOH 浓度低，不利于产甲烷菌生长，不产甲烷。所以，生产力高的海域，厌氧环境下的沉积物降解产生 CO_2 多，产甲烷速率大。富含有机质的近海沉积物中常见 CH_4 生成，其深度主要取决于活性有机质的消耗程度、SO_4^{2-} 的消耗与扩散平衡，可从几厘米到数米，甚至更深。在多数正常海洋沉积环境中，由于 SO_4^{2-} 浓度高，扩散深度较大，SO_4^{2-} 亏损前活性有机质已在很大程度上被消耗，所以 CH_4 生成效率低且深度较大。CH_4 生成对有机质矿化的贡献小于 5%。

对矿化路径的研究，有助于搞清楚元素循环、地质演变和帮助资源开采。

曾经的太阳亮度比现今低 10%～15%，但早期地球的海洋没有像冥王星那样冻成冰球。2016 年 10 月，《美国国家科学院院刊》发布的最新模型研究给出解释，甲烷气体的吸热能力是 CO_2 的 34 倍，但少量硫酸盐就足以消除甲烷气体。黄铁矿分解过程产生硫酸盐，较少氧气意味着较少硫酸盐。

2019 年，美国好奇号探测器检测到火星 21ppbv 的高浓度甲烷气体。鉴于地球上甲烷的最重要来源是微生物，甲烷在阳光下几个世纪内会被破坏。现在检测到甲烷，表明该气体可能最近才被释放出来。该结果暗示着火星上面真的可能现存存在生命。通过地球化学知识解读火星数据，从而更好地认识地球演变的特征。

四、矿化路径的相对贡献及电子受体的空间分布

将实验测定的矿化路径的速率及相对贡献外推，可得到全球尺度上各路径的相对贡献及各电子受体消耗通量的空间分布。Jorgensen 等根据主要矿化路径实验数据估算，得到全球碳总矿化速率为 $2.3\times10^{14}~molC/a$；61% 的 O_2 和 64% 的 SO_4^{2-} 消耗于水深小于 200 m 的沉积物中（仅占海底面积的 8%）；70% 的 O_2 和 96% 的 SO_4^{2-} 消耗于水深小于 1 000 m 的沉积物中（占

海底面积的 13%)。沉积物总耗氧量只有 44% 直接用于有机质矿化,剩余的主要消耗于硫化物的氧化。

全球尺度上有氧呼吸对有机质矿化的相对贡献为 15%,这一路径在陆架和陆坡所占比例为 45%,在深海为 55%;反硝化的相对贡献为 6.2%,在陆架、陆坡和深海的相对比例比为 28.8%~36.7%;铁异化还原路径主要集中在富含铁的陆架沉积物中,相对贡献为 83%,但在全球尺度上对有机质矿化的贡献仅为 2.8%;SO_4^{2-} 还原路径对有机质矿化的相对贡献为 76%。由于部分路径速率直接测定的困难以及受样品的代表性所限,实验测定结果的外推可能会产生很大的不确定性。

第二节 ◎ 有机质的成岩演化

成岩作用是形成岩石的各种地质作用的统称,一般包括沉积物在物理、化学和生物作用下的固结和分解。这些过程包括:压实作用、胶结作用、交代作用、结晶作用、淋滤作用、水合作用和生物化学作用等,通常是在压力、温度不高的地壳表层发生的。

随着深度的增加,有机质的演化过程是一个逐渐变化的连续过程。松散的沉积物压实和胶结形成固结的沉积岩,有机质在微生物(细菌)的作用下形成干酪根,同时释放出 H_2O、CO_2、CH_4、NH_3、N_2、H_2S,最后形成生物甲烷气。在不同的演化时期,有机质的化学组成和结构变化特征及其在相应地质时期的产物组成特征是存在明显差异的,从而使有机质的演化表现出明显的阶段性。沉积有机质的演化进程可划分为成岩作用、深成(热解)作用和变质作用三个阶段(见图 6-2),沉积学则将其分为早成岩作用、晚成岩作用早期、晚成岩作用晚期和无机变质作用。

一、成岩作用阶段

难在早期成岩中分解的有机物是源于生命体的生物聚合物,包括蛋白质、碳水化合物、木质素、纤维素、类脂等。在成岩作用阶段,这些聚合物在微生物的作用下部分被降解成单体化合物,如氨基酸、单糖、脂肪酸、酚等。除了被微生物利用消耗和水解外,这些未完全分解的化合物在微生物的作用下通过活泼官能团反应,发生缩聚反应,形成腐殖质。这些腐殖质包括富里酸、腐殖酸、胡敏酸。最后这些腐殖质发生不溶作用,即多聚体表面的亲水官能团逐渐减少,从而导致有机质的水解性和在酸碱溶液中的溶解性逐步降低,形成地质聚合物——干酪根。

涉及的化学反应类型有:腐解作用,自溶酶、(好氧、厌氧)微生物作用下的分解和矿化;氧化还原作用,加氧或脱氢是氧化,加氢或脱氧是还原;加成反应,新原子(团)加到断键上;缩合、聚合反应及解聚反应。

其中的富里酸、腐殖酸、胡敏酸是经过早期成岩中微生物降解后仍存在的三类物质,因在或酸或碱中溶解度不同而分类,是干酪根的前体。

有机质的成岩作用阶段是有机质形成干酪根的过程。干酪根是沉积岩中不溶于碱、非氧化型酸和有机溶剂的分散有机质,是有机质经生物及化学变化,由腐泥化及腐殖化过程形成的,是石油及天然气的前体。

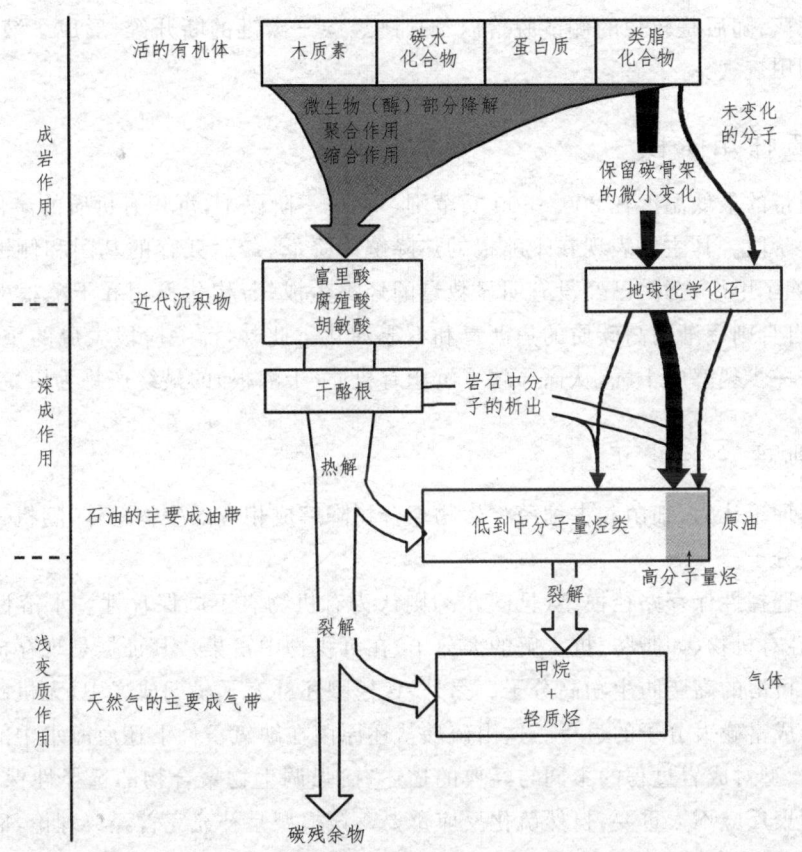

图 6-2　有机质的成岩演化阶段

　　沉积有机质经历了上述分解、缩聚和不溶解作用,向干酪根演化。化学特性和结构变化的趋势是:结构的缩聚程度增高以及对强酸、强碱具有更强的化学惰性。

　　这一阶段,类脂化合物降解少,会保留碳骨架的微小变化,成为地球化学研究中的分子化石,又称生物标志物。

　　该埋深范围变化较大(几百米到几千米)。其主要控制因素是微生物,还有温度(一般低于60 ℃,不是决定性的因素)。其作用类型有生物化学作用和化学作用。

二、深成(热解)作用阶段

　　有机质的埋深越来越大,所受的温度逐渐升高,压力逐渐增大。因此,低温、低压下形成的干酪根,不再稳定。沉积有机质(干酪根)将发生分子重排,脱去一些官能团以及碳链的断裂,依次形成了中等至低等分子量的烃类和 CO_2、H_2O、H_2S 等。这一阶段对应着石油形成的主要阶段,被称为沉积有机质的深成作用阶段,也称之为深成热解作用。

　　该阶段埋深可达数千米,温度大约在 50~200 ℃,压力可高达几百个大气压。在这种条件下,微生物已无法生存,因此,对沉积有机质演化起主要作用的因素是温度,主要的作用是热解作用和裂解作用。

　　根据温度,该阶段又分为石油生成的主要阶段(60~125 ℃)和裂解生成凝析油及湿气阶段(125~200 ℃)。随着埋藏深度和温度的增加,干酪根的各种侧链,首先是较长的侧链,通过键的断裂而脱落;随后是较短的侧链脱落以及长链烃碳—碳键的断开等,形成了液态烃、气态烃以及少量的甲烷气。

三、变质作用阶段

变质作用带的最低温度在200～300 ℃范围。在这一阶段中,沉积有机质的演化已经达到非常高的成熟阶段。其主要表现在干酪根的热降解率降低,最后残存的基团和侧链从干酪根上脱落下来,除了甲烷之外,已经没有明显数量的烃类生成;芳构化作用和干酪根的缩聚现象明显增加,其自身则逐渐向高碳质的焦沥青和石墨演化。此外,前一阶段生成的重质烃,在高温条件下也进一步裂解成干气,从而导致了沉积有机质(干酪根)的最终产物为甲烷和石墨。

四、经典理论的修正

上述经典理论认为,细菌和古细菌将生物聚合物降解成相应的生物单体,随机重新缩合或聚合成地质高分子。

新提出的选择性保存路径模型(见图6-3)则认为有机物有不同保存性。水溶性有机质保存性低,低溶性有机物(如脂肪、抗水解的大分子)在沉积物中富集。其证据是现存机体和地质样品发现了不可溶的高脂肪生物高分子。另外,该模型还补充了早期成岩中,无机硫合并到官能化的脂类形成富硫大分子的过程。这由硫酸盐还原菌在缺氧条件下还原海水中的硫酸盐完成。因此,该模型对成岩过程的不同与经典的描述有:强调生物聚合物的选择性保存,生物单体的聚合和缩聚反应不太重要,自然硫化反应重要。该模型是补充完善经典理论,而非颠覆。

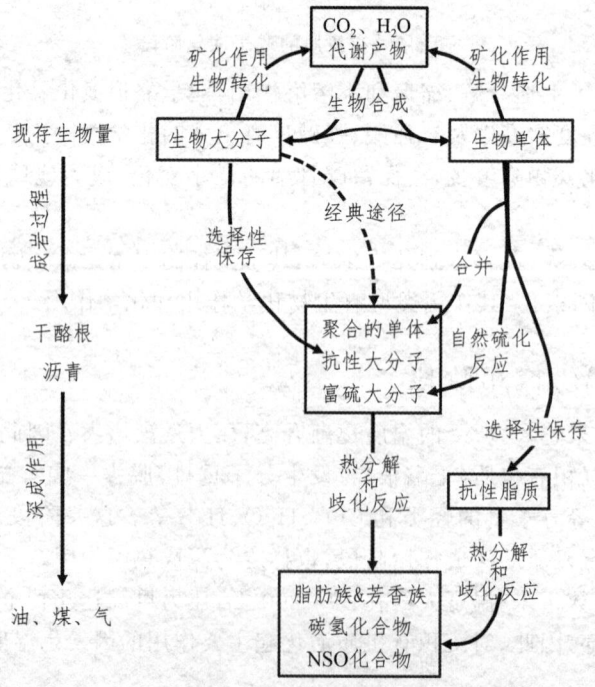

图 6-3　选择性保存路径模型图

其实上述生物变油理论,也一直被另一种声音质疑,就是石化变油。该理论认为,地球内部的碳一部分以非生源碳氢化合物的形式存在。39.7亿年前的地球就具备了石油形成的条件。而生物成油条件最早在4.9亿年前(奥陶纪)才能具备。在200 km深处的地幔上层压力足够高的地球内部(经过放射线作用),地球的含碳物质组成演化成石油。石油是液态的,会流动,会聚在一起。由地底深处的微生物将各种碳氢化合物转换排出,在高压下逐渐浮向地表。其证据有:一些已枯竭的油田会"自充";在地质学界公认绝对不可能存在石油的花岗岩地质区域(即非沉积岩盆地)发现少量石油;几乎所有的大油田都与岩浆作用有关联;存在铀的伴生现象,上铀下油现象可能是地球内部活动的共同结果;提出该理论的苏联/俄罗斯石油开采量排世界前列。

第三节　◉　干酪根化学

干酪根是沉积岩中不溶于碱、非氧化型酸和有机溶剂的分散有机质。其类型有:Ⅰ、Ⅱ型,有机质富含脂肪;Ⅰ型(或A型),杂原子较少;Ⅱ型,杂原子较多;Ⅲ型,有机质富含芳香烃。

随着深度的增加,干酪根受热时在含量逐渐减少的过程中,组成、结构及性质发生变化。对有机质演化的成熟度,可以通过研究其演化产物的分布特征和规律来加以认识。

在不同深度,干酪根中有机质组成不同,浅的不溶有机质的相对含量高,深的可溶有机质的含量高,原因是干酪根在深处会形成可溶的油气。

在不同阶段,干酪根的元素组成会变化。第一阶段:O/C快速减少,H/C缓慢减少,其中Ⅲ型比Ⅰ、Ⅱ型慢,该阶段相当于到成岩阶段后期。第二阶段:Ⅰ、Ⅱ型O/C变化不大,H/C迅速下降,Ⅰ、Ⅱ、Ⅲ型分别从1.5、1.25、0.8降到0.5,这相当于深成作用阶段。第三阶段:H/C≤0.5,含碳量高达91.6%~93%,这相当于变质作用阶段。可见,从元素组成看,干酪根的热演化是脱氧、去氢、富集碳的过程。

元素组成的变化必然反映在基团构成的变化上。有机质红外光谱呈规律性变化,见图6-4。在上述元素变化的三阶段中,基团也呈三阶段特点。第一阶段:CH_3、CH_2基团稍减少;$C=O$峰(1 710 cm^{-1})迅速下降。第二阶段:2 930 cm^{-1}、2 860 cm^{-1}峰迅速降低,表明大量CH_3、$CH2$基以烃类形式排出;芳香核脱烷基或环烷烃逐渐芳构化。第三阶段:$C=O$、CH_3、CH_2峰继续下降至消失,相当于最后CH_4形成阶段;930 cm^{-1}~700 cm^{-1}峰增强,反映芳香结构不断缩合并石墨化。

自由基是指共价键分子在均裂时,产生的带有不配对电子的基团。有机质受热时烷基链从干酪根上断裂下来,烷基碎片和干酪根碎片各带有一个不配对电子,形成了自由基。一般自由基的寿命为0.01~1 s。而未配对电子与芳香结构共轭而稳定存在于漫长的地质年代。干酪根的自由基浓度,随着成熟度的升高,呈现出先升后降的规律性变化。早期的升高与干酪根裂解生烃有关,而后期的降低则可能与残余干酪根的进一步聚合使自由基消失有关。Ⅲ型干酪根自由基浓度高,可能与Ⅲ型干酪根富含芳香结构和自由基能更稳定地存在有关。

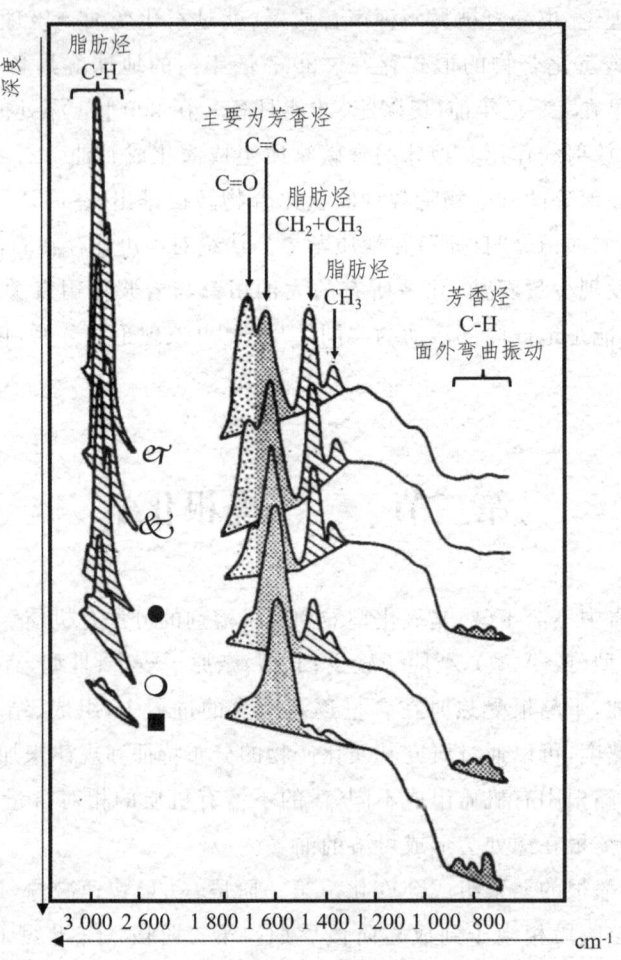

图 6-4 干酪根的红外谱图

①②为第一阶段曲线；③④为第二阶段曲线；⑤为第三阶段曲线。

镜质体是一种煤素质，主要由芳香稠环化合物组成。在石油地质工作中，这也是有机质热演化程度的指标。该指标的特点是不受成分变化影响，易精确测定。镜质体反射率（R_0）随着芳香结构的缩合程度加大而增大，随埋深（温度）的增加呈指数增长。

干酪根的颜色和荧光强度也反映成熟度。在未成熟和低成熟阶段，干酪根呈浅黄色、黄色，荧光强且多为绿色；在成熟阶段，干酪根呈深黄色到浅褐色（浅棕色），荧光弱且多为黄色、浅褐色；在过成熟阶段，当 $R_0 = 1.3\%$ 时，干酪根呈深褐色（暗棕色）到黑色，荧光完全消失。

对干酪根进行热失重分析，发现干酪根在 350 ℃ 前失重小，主要损失为 H_2O 和 CO_2。350～500 ℃ 是主要失重温度段，干酪根演化成烃类。在更高温度下，残余有机物质逐渐缩合，对热降解失去敏感性。不同类型的干酪根失重量不同，即 Ⅰ 型＞Ⅱ 型＞Ⅲ 型。这反映了干酪根生烃潜力的大小。

干酪根的碳同位素组成与其来源（先质）有关，也与演化过程中的同位素分馏效应有关。就来源来说，一般类脂化合物富含 ^{12}C，而蛋白质和碳水化合物富含 ^{13}C，因此干酪根中的脂族结构富含^{12}C,而杂原子结构比较富含^{13}C。在成岩作用阶段,沉积有机质从生物聚合物解聚为生物单体,再聚合为干酪根的演化过程中,优先脱去杂原子化合物,因此干酪根逐渐富集^{12}C。生烃应该使残留在干酪根中的^{13}C增加;杂原子基团的脱除,最终使干酪根中^{13}C的变化不明显。开始形成的甲烷δ^{13}C低,在变质作用阶段,甲烷与干酪根同位素组成趋于一致。在深成作用阶段,^{12}C—^{12}C键优先断裂,产物沥青,比干酪根轻(1‰~4‰)。

由于涉及产油产气,对有机质成岩演化和干酪根化学的研究相对成熟,但开采资源对地球化学过程的干扰和由此产生的环境和生态效应,在意识到气候危机后才引起人类的重视。超越短期经济利益,对地球化学过程的全面认识,是学科未来发展的要求。

第四节　◉　生物标志化合物

海洋沉积物汇聚了海陆源经过物理、化学和生物作用最终沉积的混合物质,是重建古海洋—古气候演变的重要地质载体。

实体化石研究存在一定的局限性,即生物死亡后,大多不能很好地保存(成为化石),但是其生物大分子和"碳骨架"广泛存在于沉积物中。生物标志化合物可以被用来重建生态系统的生产力,为古生态系统中没有实体化石的生物量重建提供有效工具。

生物标志化合物通常是指生物体死亡后经历一系列地质化学过程(包括氧化还原、芳构化、异构化、裂解和缩合等)后仍能保持其碳骨架和原始母质信息的生物体分子,又被称为分子化石。

生物标志化合物是研究地球各圈层中有机分子的结构、成因、分布、地球化学转化过程、原理及其应用的科学,使我们能够从分子水平和基因水平上研究地质历史中生物与环境的相互演化,在油气勘探、古沉积环境重建及现代环境有机污染物分析评价等许多领域都有重要应用。同其他指标一样,许多生物标志化合物也并非唯一的来源,需要注意指标多解性的问题。

一、概述

生物标志化合物主要因其结构的特殊性与复杂性而含有地球化学信息。其携带信息的方式主要包括:生物标志化合物的分子结构特征;分子三维结构,包括结构异构体和立体异构体;组合特征,如同系物;分子同位素组成。

来源于生物的分子在地质演化进程中,发生成分结构的变化,由生物构型转化为地质构型。结构上的继承性使其具有标志有机质来源及原始环境的作用,结构上的变异性使其能够追溯有机质经历的演化过程。因此,用于生物标志化合物的有机化合物应具备以下特征:具有生物成因的分子结构;分子结构的基本骨架具有热稳定性;能与特定生物的分子之间建立"前身生物分子-地质产物"关系。这里的前身生物分子指的是在生物体中存在的与生物标志化合物碳骨架结构一致的化合物,通常含有官能团。例如,在原核生物中广泛存在的细菌藿烷四醇即是地质体中藿烷的前身物。

对于分子结构,有同分异构体,即分子式相同而结构基团的排列不同的化合物。对于立体结构,存在立体异构体,即手征性,互为镜像结构。无环有机物有 R 构型,最低质量的序位远离观察者方向时,其余 3 个基团的质量数以顺时针方向降低;反之,则为 S 构型。含单糖环形结构的有机物用 α、β 表示基团的异构特征。

为了更好地反映来源,用系列的修饰命名法,见表 6-2。

表 6-2　系列的修饰命名法

中文	英文	意义
升-	homo-	在结构上添加一个碳原子
二升-、三升-、四升-,	bis-、tris、tetrakis- (或 di-、tri、tetra-)	添加二、三、四个碳原子
五升-、六升-	petakis-、hexakis- (或 penta-、hexa-)	添加五、六个碳原子
断-	seco-	特定的 C-C 键断开
降-	nor-	在结构上失去一个碳原子
脱-A	des-A(或 de-A)	在结构上失去 A 一环
异-	iso-	甲基在结构上移位

藿烷系列化合物定名以含 30 个碳原子为基础,分子中失去碳原子时称为降藿烷,其他碳原子编号不变。反之,当某一碳位上增加了一个 CH_2 取代基时(指碳原子数多于 30 个的藿烷,增加的碳原子多在侧链基上),称为升藿烷。如 $17\alpha(H)-30$ 升藿烷,就是在 C-30 位置上增加了一个 CH_2 基。

早期的饱和烃馏分、链烃标志物[如姥鲛烷(Pr)、植烷(Ph)]用的是气相色谱分析技术(GC)。但色谱难以检出、鉴定丰富但含量低的生物标志物。对芳烃馏分、环状化合物用的是气相色谱质谱联用技术(GC-MS)。甾烷和萜烷的峰因含量低而在 GC 图上看不出来,但在色谱质谱上能检测到。利用基峰质量色谱图上的出峰位置及峰的组合关系可对常规的生物标志化合物进行鉴别,但遇到未知化合物时,需通过与标样共注和质谱图的对比。目前还发展了 Raman 光谱、核磁共振(NMR)谱、X 衍射技术等。

二、主要的生物标志化合物

随着有机地球化学研究的兴起和分析测试技术的快速发展,海洋沉积物生物标志物在海洋生态环境重建研究中的作用越来越重要。针对海洋生态环境特征构建了多种生物标志物指标,为定性/定量揭示表层海水温度(SST)、酸碱度、氧化还原环境、浮游植物生产力和群落结构演变等提供了新的思路与方法。常见类型有:正构烷烃、异构烷烃(异构、反异构、无环异戊二烯型烷烃)、二环倍半萜、双萜(三环、四环)、五环三萜(藿烷系列、非藿烷系列)、多萜、(四环)甾类、各类芳烃、含氧化合物、含氮化合物。

1. 正构烷烃

正构烷烃主要来源于活的生物体,以及脂肪酸、蜡质等脂类化合物。在沉积和埋藏过程中

88

不仅能够保持原始分子的基本骨架,还记载了原始母质的特征分子结构信息。

在色谱图和 GC-MS 总离子流图中,正构烷烃是以近于等间距分布的。在常规色谱条件下(色谱程控升温的终温低于 300 ℃),正构烷烃(nCm)的最高出峰碳数 m 为 nC_{37} 左右。

由于生物来源不同,所以优势碳数烃不同,且丰度会有或奇或偶碳数的优势,色谱图构成显著的"锯齿状"。一般而言,海洋沉积物中的高碳数正构烷烃主要来源于陆源高等植物表层的蜡质,主峰碳位置多在 nC_{27}、nC_{29}、nC_{31} 和 $nC_{23} \sim nC_{35}$ 奇碳优势明显。高等植物叶蜡经水解作用可被分解为脂肪酸或长链正构烷醇,经过还原作用后会脱掉羧基和羟基,从而转化为长链奇数碳的正构烷烃。沉积物中低碳数正构烷烃主要来源于海洋藻类和细菌,以 nC_{15}、nC_{17} 和 nC_{19} 含量最为丰富,一般具有奇碳优势。细菌和石油烃的污染也可能会贡献部分正构烷烃,但是该部分并不具备显著的奇偶优势。根据沉积物中不同碳数正构烷烃的分布可以大致判别样品的海陆源输入状况,各种地质体重的正构烷烃被广泛用于古植被覆盖和古气候演变研究。

具有偶碳优势的正烷烃偶碳数分子丰度高,多出现在碳酸盐岩和蒸发岩系中,以及盐湖或高含盐地层中。在强还原环境中,由腊水解形成的偶数碳酸和醇以及植烷酸或植醇的还原作用超过了脱羧基作用,同时形成偶奇优势与植烷优势。在不同催化剂存在的条件下,脂肪酸分解机理不同。在蒙脱石催化条件下,脂肪酸分解为少一个碳原子的奇碳数正烷烃;在 $CaCO_3$ 催化条件下,脂肪酸分解为少两个碳原子的正烷烃。因此,泥岩、页岩中主要是奇碳数正烷烃;碳酸盐岩中主要是偶碳数正烷烃。

古代沉积物中烃的特征是长链,其碳链可一直延续到 $nC_4 \sim nC_{50}$,出现奇偶数相当的特征。其来源可能是细菌和其他微生物的蜡,或被细菌强烈再改造的高等植物的蜡,是许多高蜡原油的主要组成部分。用碳优势指数 CPI 描述碳的奇偶优势特征,奇偶优势 OPE 是对其的改进:

$$CPI = \frac{1}{2}\left[\frac{\sum C_{25} - C_{33} (奇数)}{\sum C_{24} - C_{32} (偶数)} + \frac{\sum C_{25} - C_{33} (奇数)}{\sum C_{26} - C_{34} (偶数)}\right] \tag{6-4}$$

$$OEP = \left[\frac{C_i + 6C_{i+2} + C_{i+4}}{4C_{i+1} + 4C_{i+3}}\right]^{(-1)^{i+1}} \tag{6-5}$$

式中:CPI 为碳优势指数;OEP 为奇偶优势;C 为其下标表示碳数的烃的丰度。

具有奇碳优势的正烷烃,其 OEP、CPI 值较高;具有偶碳优势的正烷烃,其 CPI、$OEP < 1.0$;无优势的正烷烃,其 CPI、OEP 近似于 1.0。OEP 和 CPI 可作为早期成熟度指标,大于 1.2 时表示未成熟,但小于 1.2 时不一定表示成熟。

2.植烷系列的类异戊二烯(或异戊二烯型)烷烃

由异戊二烯亚单元组成的化合物称为萜类或类异戊二烯。

按其顺序可分规则和不规则的两类。不规则的类异戊二烯烷烃是指存在头头相连和尾尾相连的链状分子。规则的类异戊二烯烷烃是指各单元头尾相接成的链状分子。各种萜类化合物可以是有环的,也可以是无环的,常以烯、酸、醇的形式广泛地存在于各种生物体及现代沉积物中,其结构变化很大,见图 6-5;在古代沉积岩、原油和煤中,则以饱和烃的形式存在。现已

检出 $C_9 \sim C_{25}$ 系列。生物化学合成、成岩作用、热成熟和生物降解使取代基增加或损失。

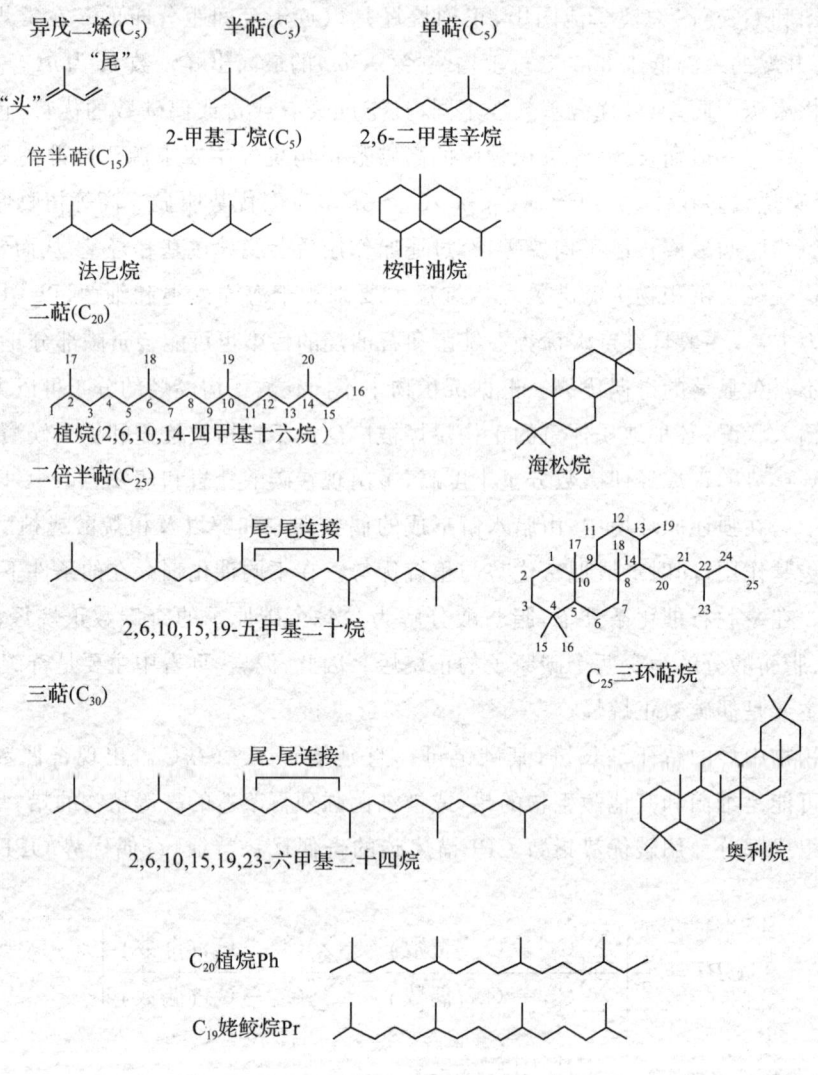

图 6-5 萜类化合物分类实例

植烷系列化合物为常见的链状类异戊二烯烷烃,含有 20 个或少于 20 个碳原子,从 C_{15}(法尼烷)、C_{16}、C_{17}、C_{18}(降姥鲛烷)和 C_{19}(姥鲛烷)扩展到 C_{20}(植烷)。

沉积岩中最有价值、应用最广、数量最多,也最易鉴定的是植烷(Ph)和姥鲛烷(Pr)。姥鲛烷由植醇氧化、脱羧生成,植烷由植醇脱水还原加氢形成,见图 6-6。氧化环境有利于姥鲛烷,而还原环境则有利植烷。因此,姥植比 Pr/Ph 是常用的环境指标。Pr/Ph<0.5 为强还原性膏盐沉积环境;Pr/Ph=0.5～1.0 为还原环境;Pr/Ph=1～2 为弱还原——弱氧化环境;Pr/Ph>2 者见于偏氧化性环境,如滨海沼泽或浅湖——海沉积。

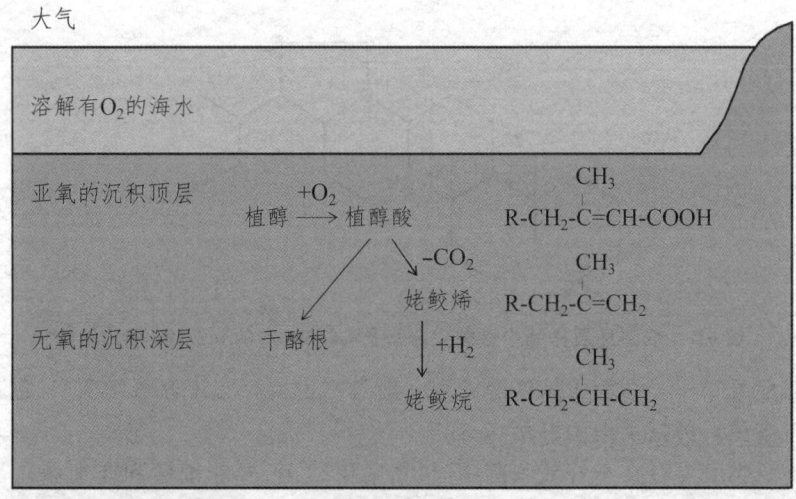

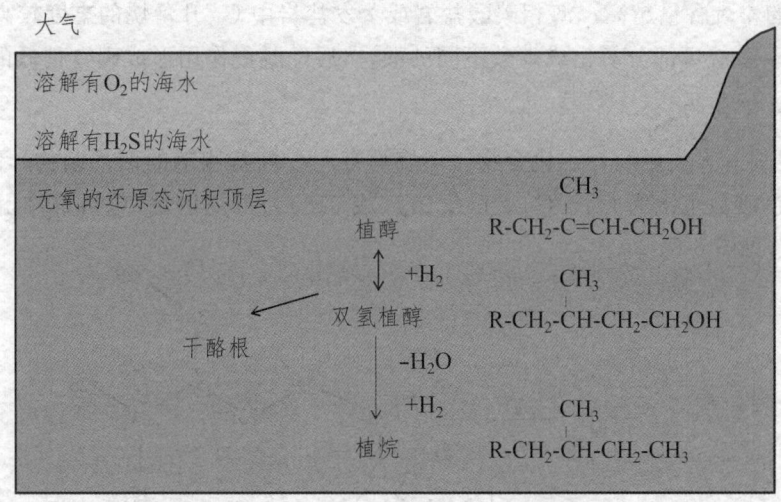

图 6-6 植烷和姥鲛烷的形成过程及相应的环境条件

除了生源环境因素外,Pr/Ph 还受成熟度影响,在成熟阶段($Ro=0.7\%\sim1.1\%$)达到稳定的高值,此时成熟度影响可忽略不计。在更高热应力的条件下,由于热裂解的作用,Pr/Ph 随成熟度的增高而升高。Pr/Ph 还受其他来源影响:维生素 E 可成为 Pr 的重要来源;古细菌类则是 Ph 的另一类重要来源。

3. 藿烷类化合物

藿烷类化合物是沉积物中分布最广泛的一类复杂的生物标志化合物,在古环境重建和石油地球化学研究中具有重要地位。

藿烷属五环三萜烷,有四个六元环和一个五元环,在环上有烷基侧链,可以根据特征质量色谱图 m/z191 将该类化合物检测出来,见图 6-7。藿烷碳数范围为 $C_{27}\sim C_{35}$,依据侧链进行命名。

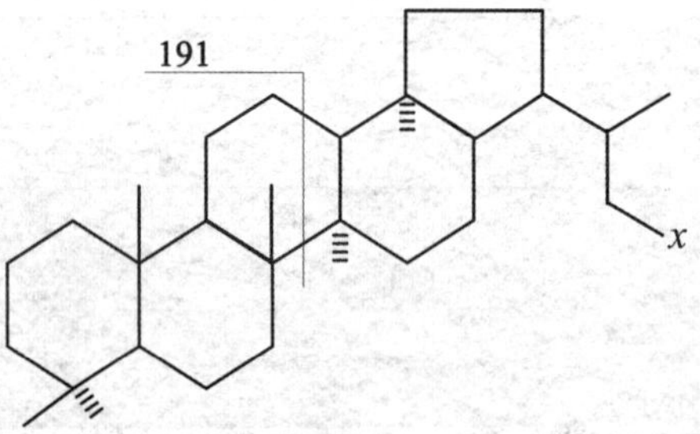

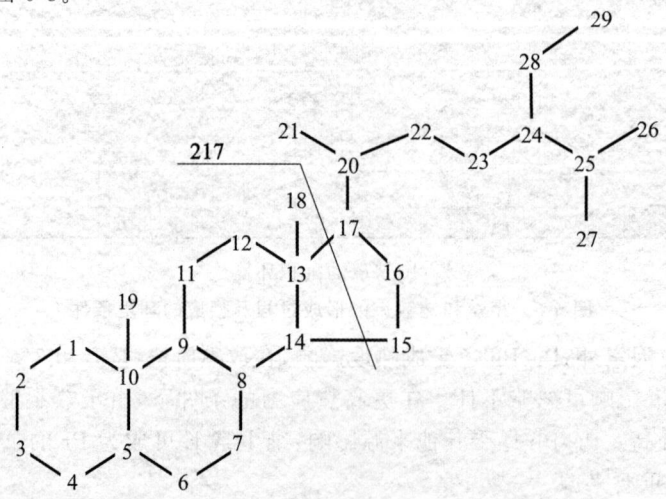

图 6-7　成熟地质样品中藿烷化合物及 GC-MS 中的 m/z191 碎片结构

碳骨架与前身物——细菌藿烷四醇一致。前身物主要存在于好氧细菌中(包括嗜甲烷菌、异养细菌和蓝细菌),可指示细菌群落。

藿烷类前身物主要存在于好氧细菌中(包括嗜甲烷菌、异养细菌和蓝细菌)。藿烷在成岩过程中不易降解,在沉积物和石油中的丰度相对较大,占可溶有机碳的 5%~10%。

其在强还原的条件下更多地通过还原加氢途径成为 C_{35} 藿烷。沉积环境的还原性越强,C_{35} 等高碳数的藿烷含量越高。海相碳酸盐岩或蒸发盐岩中 C_{35} 升藿烷的丰度较高。在还原性减弱的条件下,藿烷可部分氧化成碳数不同的酸,然后经脱羧作用形成碳数稍低的藿烷。

4. 甾烷类化合物

甾烷类是另一大类生物标志化合物。甾烷具有一个烷基侧链的四环结构,环上通常还有两个甲基取代,碳数范围为 $C_{27}\sim C_{29}$。m/z 217(或 218)为常规甾烷(包括重排甾烷)在 GC—MS 中的基峰,见图 6-8。

图 6-8　甾烷结构及 GC-MS 中的 m/z217 碎片结构

沉积物中甾烷来源于真核生物的甾醇。甾烷类侧链长短和结构变化多样,可提供更多的信息。例如,淡水环境沉积中含有较高的 4-甲基甾烷总量,且 4-甲基甾烷中 C_{28} 的含量相对较高。重排甾烷的高含量可能指示酸性环境(但也可能与热成熟演化有关)。

甾醇在浮游植物中广泛存在,且某些甾醇具有一定的专属性,可以指示特定种类的浮游植物类型,用于重建浮游植物生产力和群落结构演变。由于甾醇的专一性、稳定性和多样性,其在有害藻华的研究中也具有较好的应用前景。

思考题

1.什么是早期成岩过程?简述理想的海洋沉积物氧化还原序列、分带及对应的电子受体。

2.铁锰氧化物的异化还原的影响因素是什么?

3.铁异化还原与硫酸盐还原是如何相互影响的?

4.硫酸盐还原反应与产甲烷作用如何互相影响?

5.简述各矿化路径的适应条件。

6.有机质在不同演化阶段的特征是什么?

7.成岩作用的经典理论和修正理论有何不同?

8.简述干酪根演化的化学特征。

9.简述生物标志化合物的定义和特点。

10.简述用生物标志化合物进行地化研究的依据。

11.试述姥鲛烷和植烷形成的机理和相应的沉积环境。

12.萜类、甾烷和藿烷的基本结构特征是什么?

第七章

海底成矿化学

　　矿物是在地质作用中产生和发展着的相对稳定的单质或化合物聚集体,具有一定的开发利用价值。

　　深海成矿类型有:海底成矿(如铁锰结核)、早期成岩中的成矿(如黄铁矿、菱铁矿等)、成岩作用下的能源化石、热液矿床和海滨的砂矿等。

　　成矿机制:成岩机制,成矿物质来源于下伏的基岩,在基岩的环境下形成,受到基岩的控制,如菱铁矿、黄铁矿等;水成机制,在上覆海水中形成并沉淀到基岩表面,成矿物质来源于上覆海水,如铁锰结核和富钴结壳等;热液机制,成矿元素来源于热液活动喷口,算是水成型的一种,如海底硫化物和多金属软泥等。

　　成矿系统有:巨型海底金属成矿系统,如铁锰成矿、热液成矿;海山 Fe-Mn 成矿系统,如富钴结壳。深海中最具开发价值的三种矿产资源为:海底大规模硫化物、锰结核和富钴结壳,见图7-1。本章解释有代表性的铁锰成矿、热液成矿化学。

第一节 ◉ 铁锰结核

　　根据形成机理,锰矿有深海结核结壳型、古海相沉积型、风化型、火山喷发沉积型。

　　铁锰结核,亦称锰结核,是多金属结核,是围绕核心物质生长的铁锰氧化物、氢氧化物。除富含的锰和铁外,其次所含元素为 Si、Al、Ca、Mg、Na、K、Ti、Ni、Co 等。

　　铁锰结核分为核心和壳层两部分。结核核心有老的多金属结核碎块、深海沉积物、火山碎屑、生物骨屑;结核壳层构造分为原生构造、次生构造。颜色为黑色、绿黑色到褐色;结晶形态有多孔微晶集合体、胶状颗粒和隐晶质;外形有球状、椭球状、菜花状;表面形态有粗糙、光滑或葡萄状。

　　铁锰结核形成并悬浮于水深达 5 000～6 000 m 的深海平原淤泥之中,主要分布在太平洋、大西洋、印度洋的深海区。

一、矿物成因

　　铁锰结核成因有:火山成因、胶体化学沉淀成因、岩石风化成因、沉积物成岩成因、生物成矿成因、生物—化学二元成因、海底热液成因等。控制结核发育的因素为:水深、沉积物间隙水的 pH 值、Eh 值、碱度和构造环境等。

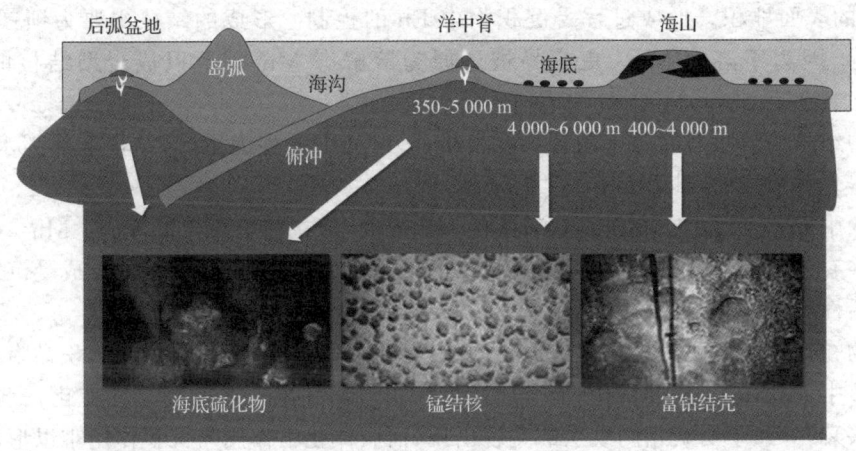

图 7-1 深海典型矿产资源类型

初级生产力为中等的海洋，金属因生物而富集。有机质降解释放金属，在最低含氧带（OMZ）是最重要的金属储库。溶解态金属在向下方水深处逐渐扩散中可被氧化，形成颗粒态而沉积。

胶体化学沉淀成因中（见图 7-2），海底海水中铁、锰的形态为胶体颗粒的核心，即：氧化锰为核心，吸附金属阳离子、羟基氧化铁吸附阴离子形成了胶体颗粒。

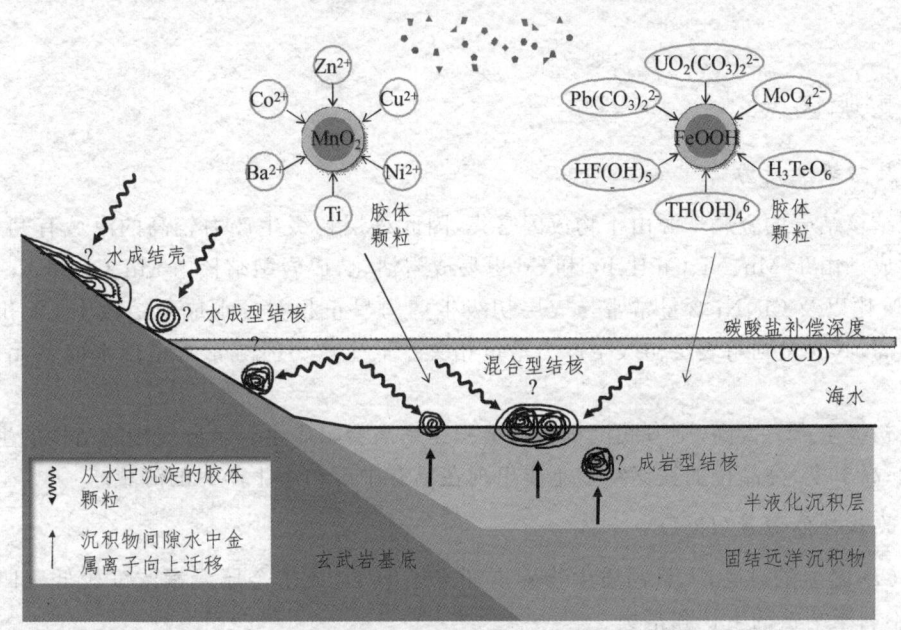

图 7-2 不同类型铁锰结核的地质位置及生长模型

在海底，水成型结核的元素来自上覆水的缓慢沉积或者吸附，如海山阶地的结核。上覆水元素来自火山喷发和海底页岩风化，形成过程受上覆水 Mn^{2+} 的控制。主要矿物相为水羟锰矿（δMnO_2），其 Mn/Fe < 2.5。

成岩型结核的元素来自半液化沉积层中的间隙水。间隙水中元素来自沉积物氧化成岩过程以及 Fe、Mn 氧化物、氢氧化物的复溶过程,通过间隙水的毛细管作用上升到海底表层再氧化,在结核的表面堆积。形成过程受沉积物中 Eh 的控制。形成的结核主要为钡镁锰矿,其 Mn/Fe>5。因为不溶的 Mn^{4+} 更容易被还原为溶解态 Mn^{2+},所以成岩型结核的 Mn/Fe 较高。

混合型结核为海水与间隙水两种来源相结合,以其中一种为主,即结核上部为水形成的,下部为成岩作用形成的:其 Mn/Fe = 2.5~5。

间隙水中元素主要是在有机物缺氧条件下形成的,即在细菌媒介下,Fe^{3+}、Mn^{4+} 参与了沉积物中某些有机物的降解反应,接受了有机物的电子后还原。因此,结核的形成受沉积物中可资利用的活性有机物和细菌的控制。

微生物在锰结核形成过程中起着重要的作用。超微生物的生化作用与沉积黏附作用直接造成了结核中 Fe、Mn 元素的富集,而全球性大气候与洋底微环境的周期性变化,影响了微生物生长的兴衰,导致了明暗相间纹层的交替出现(而胶体化学作用与沉积作用难以形成这种韵律性)。

生物-化学二元成因中,嗜铁锰的超微生物汲取铁锰元素,死亡后堆积成矿,铁锰矿物为超微生物直接成矿。铜、钴、镍等金属元素是铁锰矿物与介质离子交换作用的结果。

铁锰结核生长于三个世代:始新世末-早中新世中期(24.6~14.4 Ma B.P.);中中新世早期-晚中新世末期(14.4~5.1 Ma B.P.);上新世-第四纪(5.1~0 Ma B.P.)。其生长速率一般为 1~20 mm/Ma。全球洋底铁锰结核资源量为 1 500~3 000 Gt;丰度大于 10 kg/km^2、品位 Cu+Co+Ni>1.76% 的富矿区资源量为 14~00 Gt。氧含量高,结核富集,如南极底层水活动影响的区域。

二、影响因素

1.表层初级生产力

形成结核结壳的金属来源由生物成因富集,因此表层初级生产力较高的海域有利于结核结壳的形成。由于 Mn、Ni、Cu 比 Fe 和 Co 更易成岩活化,成岩型结核中 Mn、Cu 和 Ni 更易富集,Mn/Fe 比以及 Cu、Ni 含量常常与表层初级生产力呈正相关。水成型结核中 Co 和 Fe 含量相对更高,其含量则与表层初级生产力呈负相关。低生产力海域常常呈现水成型元素富集的特征。

如果初级生产力太高,则海底沉积物的堆积速率高会阻碍生长十分缓慢的结核的生长。

所以,高丰度、高品位的铁锰结核主要出现在具有中等初级生产力的海域。

2.碳酸盐补偿深度(CCD)

在 CCD 之上的海底,大量钙质生物碎屑还未被溶尽,成矿金属元素浓度较低,且有机质被稀释,不利于结核的生长和富集。

在 CCD 之下的海底,钙质壳体溶解释放金属,为结核的形成提供了良好的物质来源,且沉积速率减小,有利于结核的生长和保存。

在 CCD 之下很远的海底,有机质在水柱中降解,到海底的有机质已不足于产生成矿元素的富集。

3.最低含氧带(OMZ)

OMZ 中,因有机质的分解和 MnO_2 颗粒的减少,构成了水柱中 Mn 及其他金属溶解组分最重要的储库。

在中太平洋,OMZ 出现的深度为 800~1 200 m,溶解态锰在该层位出现了全水柱中的最高浓度(约 2 nmol/kg);在西墨西哥外 400 km 处,OMZ 中溶解态 Mn 的浓度最高可达5 nmol/kg。

第二节 ◉ 富钴结壳

富钴结壳,全称为富钴的铁锰结壳,是以铁锰氧化物、氢氧化物为主的壳状沉积物。其钴平均含量(>1%)较陆地原生钴矿高几十倍,因此而得名。富钴结壳生长在水深达 4 000 m 的海山基岩上或岩石碎块上,厚度仅为数厘米。

一、成矿过程

富钴结壳是水化成因沉积成矿,其成矿过程如图 7-3 所示。洋壳扩张使海山集中发育。海山漂移,岩浆活动停止;海山下沉,顶部成平顶。当海山漂移和沉降到 OMZ 下界面附近的水深处时,海山平顶形成局部水动力并带来海水混合效应,OMZ 中 Mn^{2+}、Co^{2+} 和 Ce^{3+} 以及富氧、富铁的深层和底层水混合,发生氧化,胶体凝聚沉淀,形成富钴结壳。结壳的厚度和生长速度是相邻水层的 2 倍,其 Mn、Co 含量和 Mn/Fe 比值出现极大值。

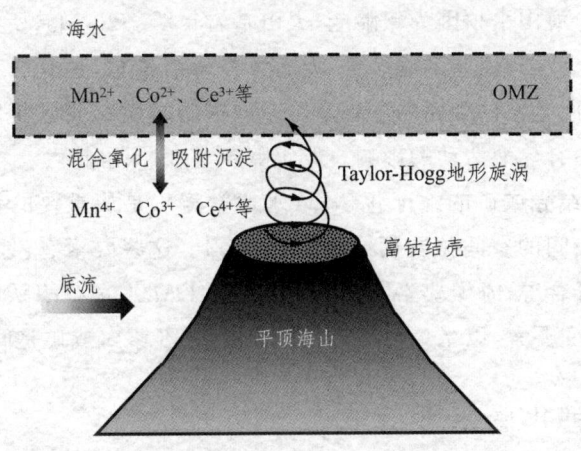

图 7-3　富钴结壳成矿过程

除上述水成成因外,还有混合成因和微生物参与,甚至控制的生物成因等其他观点。通过对大洋富钴结壳的分层与年龄、分层与生长速率、生长间断等的观测,以及主量元素 Mn、Fe、Co、Pt、稀土元素、He 同位素、Os 同位素等的水成富集等证据,目前人们更倾向于水成成因的观点。

富钴结壳的结构构造、矿物组成和地球化学特征的测试技术,各种微区观察测试技术,以及新的同位素年代学方法的应用,将帮助人们进一步解释成矿的化学机制。

二、成矿条件

成矿条件包括:元素来源、化学条件和容矿空间。

平顶山上要有高的表层生物初级生产力,释放的金属元素和营养盐富集,或者需要带来热液成因的含 Fe 和 Mn 的底流。OMZ 是层化结构海水水体中的最低含氧带,是元素富集区。构造演化可使水道开合或地峡关闭,造成一定的温盐环流,决定 OMZ 下界面的深度。其下深层水的溶解氧含量较高,平顶山地形可加强内波(Taylor-Hogg 地形旋涡)的形成,使含氧水体向上混合,氧化 OMZ 中的金属离子。平顶山供海水中金属离子沉淀、吸附和就位,其边坡上部有利于成矿,而平顶山的稳定性是成矿的基本条件。

其他的观点认为,矿物有水成来源、内源和外源。水成来源与大洋水层结构、水化学和水动力有关,如水动力学特征、海底岩石海解作用、水化学结构、大洋生物生产力、碳酸盐系统和含氧量及其垂直分带等。内源与内力有关,像岩浆、热液、构造等。外源与外力作用有关,像太阳引力、地球自转、陆源物质搬运、重力、生物活动等。

成矿的主要化学条件在于:海山平顶在 OMZ 以下,且较浅,结壳发育良好;平顶高度最好在 CCD 以下,否则碳酸盐沉积影响铁通量,使其受方解石溶解速率的控制;成矿的海山主要聚集在与纬度平行的 Fe-Mn 建造带内,并非所有海山都可成矿。成矿的动力条件在于:海山周围形成局部水动力,强烈持久的海流产生海水混合效应。成矿的容矿条件为:位置特征为平顶海山、海台顶部和斜坡上;水深在 $500 \sim 3\,500$ m 范围内,大多数产于水深 $800 \sim 2\,200$ m 处;底质为大洋硬质基岩。也就是说,山顶因为高,所以所在深度较浅,能承接来自 OMZ 之下氧化反应产生的沉积物。海山平顶因为年龄老,火山基岩年龄 >20 Ma,所以相对稳定。斜坡也因为稳定,成为容矿处。没有巨厚的珊瑚礁、没有大量碎屑覆盖,也是容矿条件。赤道太平洋地区符合这些条件,因此是富钴结壳的主要产区。中国的富钴结壳区年龄最老,面积最大,白垩纪以来逐渐远离洋中脊热液活动的影响。但年龄越老,水深也越大。

OMZ 是制约富钴结壳成矿的地球化学障(水化学障),是最重要的控矿要素。其他要素通过影响 OMZ 与海山间的空间位置而影响,见图 7-4。这些要素有:地质要素,涉及海山形成、迁移、沉降和水道开合等;海洋要素,包括温盐环流、OMZ、文石溶跃面、CCD 和海山周围海水的动力情况等;天文要素,以米兰柯维奇旋回为主,该要素对成矿是间接影响。

三、影响成矿的化学因素

在地质背景下,在特殊海山地貌、特征海水运动、特殊海水化学条件下,形成有别于深海平原锰结核的富钴结壳。影响成矿的化学因素包括:OMZ 中的锰通量、受方解石溶解速率控制的铁通量、微量元素(Co、Ni、Cu、Zn、Pt)的通量,OMZ 下的锰氧化速率,Mn、Pt 的共沉淀作用,基岩上的多次沉淀作用,以及 Co、Ni 的表面化学富集作用。

OMZ 是富钴结壳的直接矿源层。其化学特点是:溶解氧含量较低、pH 值较低、硝酸盐和

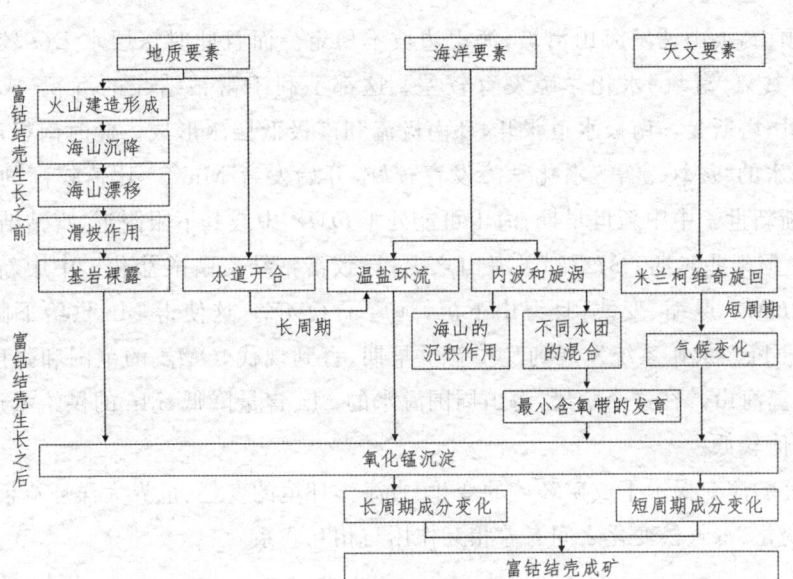

图 7-4　控矿要素

磷酸盐含量较高、溶解态有机物含量较高、CO_2 分压较高、Mn/Fe 比值最高。另外，$\delta^{13}C$ 出现极小值，$\delta^{18}O$ 出现极大值。OMZ 具有这些化学特征是因其受有机质分解耗氧的制约。在这里，生物介壳（主要是翼足类文石质的壳）和生物有机体被分解，与生物活动密切相关的金属元素和营养盐被释放，因而富集，如 Mn、Cd、Co、硝酸盐、磷酸盐等。OMZ 里中型（＞2 mm）浮游动物较多。

OMZ 的形成受大洋表层、中层、深层和底层洋流环流输运 DO 的约束。例如：北大西洋深层水中 OMZ 是透光层之下有机质的分解造成的贫氧。大洋各层水团环流模式决定其空间分布。

根据成矿化学特征，富钴结壳中 Mn/Fe 比可示踪 CCD、海水循环、古生产力等。

四、海山成矿系统的演化

成矿系统演化的研究是矿床成因的研究从静态上升到动态，从片面走向整体，从而更深入地理解成矿作用机理的方法。在地球动力学背景下，海山成矿系统经历形成、成熟、衰退的演化过程。由于富钴结壳生长缓慢，成矿期长，最老世代的结壳年龄可达晚白垩世。在其漫长的成矿过程中，制约富钴结壳成矿的要素都会发生显著的变化。

新生代太平洋海山成矿系统的演化就经历了两个关键期。65 MaBP 时，环南极水道未打开，洋中脊和俯冲带热液成因的 Fe 和 Mn 难以直接提供给该区，而高的表层初级生产力导致较多成矿元素沉降、聚集在 OMZ 中，提供充足的成矿物质，但是，深层水 DO 较低，不利于 OMZ 中的 Mn 和 Fe 最终氧化、沉淀。23 MaBP 时，初级生产力降低，成矿元素下沉通量降低，不利于成矿元素在最小含氧带中的聚积，但此时深层水的溶解氧含量较高，发育了有利的水化学障，有利于形成富钴结壳。

西太平洋海山成矿系统经历了 5 个特征时期。白垩纪—始新世，岩浆作用结束，海山逐渐下沉形成平顶山,火山诱发海山滑坡,海山边坡不稳定。而且此时深层水 DO 较低,OMZ 与深层水间的"贫氧-富氧"水化学障发育较差。这都不利于富钴结壳的沉积、成矿。始新世末—晚渐新世,塔斯曼—南极水道张开,环南极流和南极低层水形成。此时南极底层流供氧,OMZ 与深层水的"贫氧-富氧"水化学障发育较好,开始发育 Mn/Fe 比值较高的富钴结壳壳层。到了晚渐新世—中中新世早期,海山可能处于 OMZ 中或其下限附近,富钴结壳壳层 Mn/Fe 比值较高,但某些时期 OMZ 到了海山之上,导致富钴结壳磷酸盐化。中中新世早期—晚中新世早期,OMZ 退缩、变薄,且海山下沉,远离了 OMZ。这使得 Mn 供给下降,富钴结壳 Mn/Fe 比值下降。成矿系统发展到晚中新世早期,直到现代,OMZ 的范围和强度减弱、下限上升,逐渐远离海山。在这个阶段,海山周围海水的 Mn 含量降低,Mn 的供给量逐渐降低,壳层 Mn/Fe 比值较低。

成矿系统的演变揭示了成矿环境的变化、古海洋环境的变迁、世界大洋环流模式的变化及其与古地理变化、古气候变化之间有着相互作用与相互联系。

第三节 ◎ 沉积型锰矿

古海相沉积型锰矿成矿有三种模型:深层海水缺氧盆地模型、最小氧化带模型、幕式充氧模型,见图 7-5。在有些分类中上节的"海山 Fe-Mn 成矿系统"也属于沉积成矿系统。

深层海水缺氧盆地模型的表层是存在氧化的海水的,但深层海水缺氧,溶解了大量 Mn^{2+}。Mn^{2+} 在氧化还原界面处被氧化成 Mn^{4+} 并在与海底交汇地带发生沉淀。

在最小氧化带模型中,表层水中生物降解消耗氧气形成最小氧化带,尤其是在近海岸区域形成缺氧楔。在与上、下层氧化性海水形成氧化还原界面处,锰的氧化物发生沉淀(近岸、海山顶、海底)。

在幕式充氧模型中,氧化性水体灌入沉积盆地底部,使缺氧沉积盆地深部氧化,Mn^{2+} 在盆地中心直接被氧化并沉淀下来。其特点是底层还是间歇式氧化。

三种成矿模型都认为锰矿的成矿条件在于层化的结构水体,氧化水体-缺氧水体界面处有容矿空间。成矿过程为 Mn^{2+} 被氧化成锰的氧化物,但在成岩过程中会被再次还原成菱锰矿。

沉积型锰矿的形成与古海洋环境(尤其是氧化还原性质)关系密切,见图 7-6。铁矿反映全球性古海洋特征,但锰矿对区域性古海洋化学性质更加敏感。太古代早期海水缺乏氧化还原梯度而不成矿;太古代晚期局部海洋表层水体被氧化,形成规模较小的锰矿床。大氧化事件导致形成氧化还原分层,在氧化还原界面附近形成大规模锰矿。中元古代具有氧化还原分层,但地球状态稳定,Mn^{2+} 迁移能力受限,没有发生大规模成矿,显生宙地球整体富氧但非常动荡,在局部沉积盆地形成了大规模锰矿床。

由于古海洋化学环境与地球气候、板块构造活动和生物演化等具有紧密的联系,因此针对沉积型锰矿成矿机制开展的沉积学、年代学、地球化学和生物地质学等多学科交叉研究,也为深入探索地球板块活动、海洋环境演化、生命过程等一系列重大基础地质问题提供支撑。

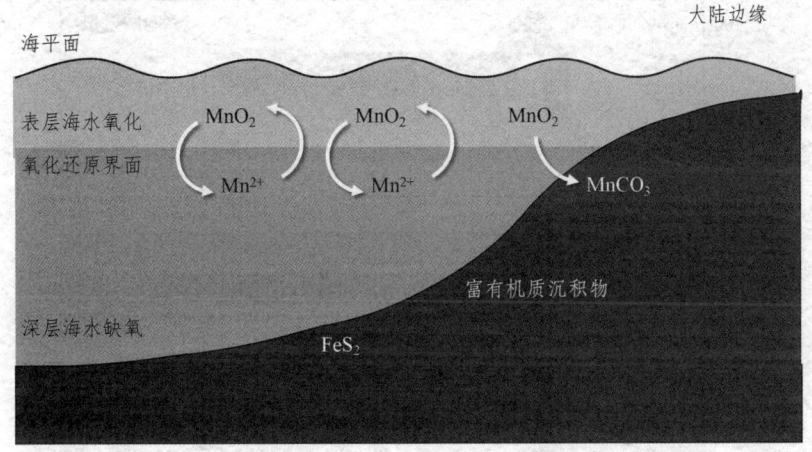

(a)深层海水缺氧盆地模型

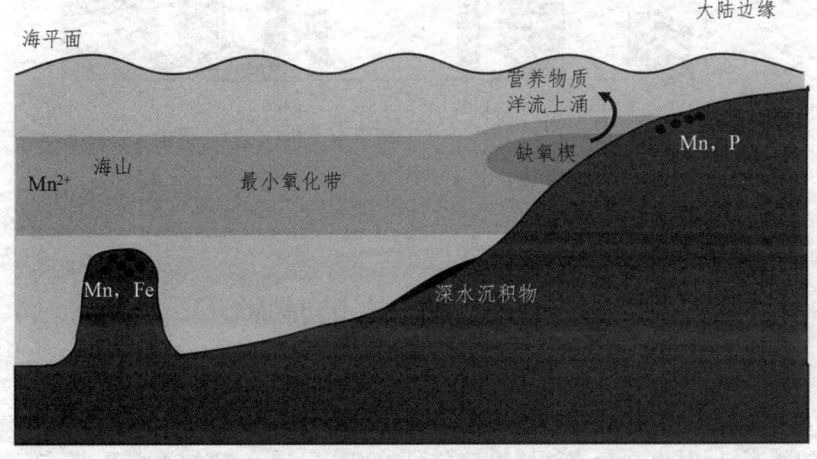

(b)最小氧化带模型

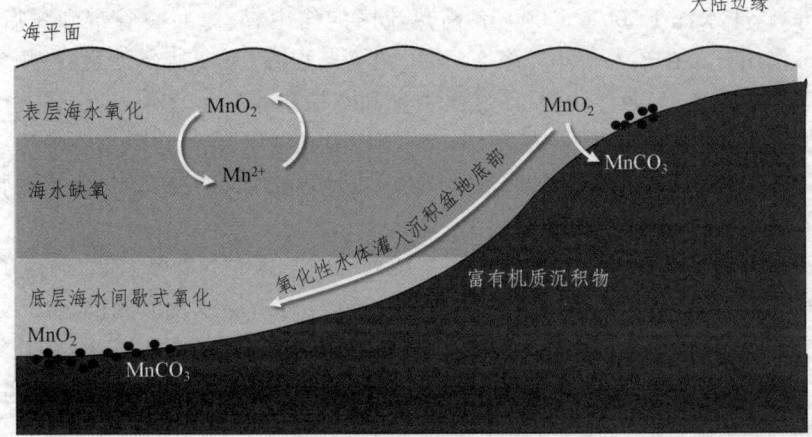

(c)幕式充氧模型

图 7-5　古海相沉积型锰矿成矿模型

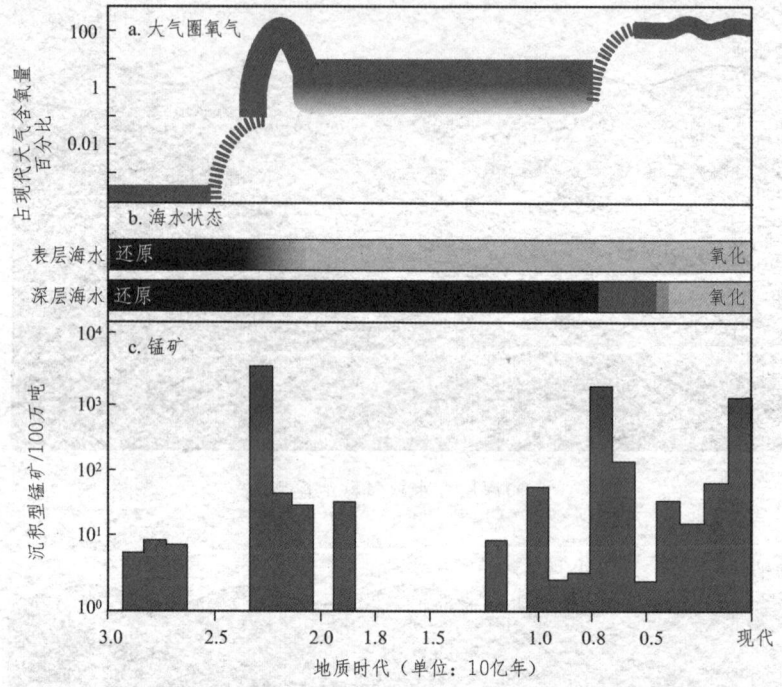

图7-6 沉积型锰矿与大气圈水圈氧化状态对应关系图

第四节 ◉ 热液成矿

　　海底热液系统是洋壳和地幔与海洋进行物质与能量交换的中枢,是联系地球岩石圈、水圈以及生物圈的纽带,同时也逐渐成为联系地球科学以及生命科学的重要环节。海底热液矿床是由海底热液成矿作用形成的块状硫化物、多金属软泥和多金属沉积物,富含 Cu、Pb、Zn、Au、Ag、Mn、Fe 等,产于水深 1 500～3 000 m 高热流区的洋中脊、海底裂谷带和弧后边缘海盆。海底热液矿床作用分布在东太平洋海隆区(加拉帕戈斯裂谷、哥斯达黎加裂谷、胡安德富卡海脊)、西太平洋弧后盆地、大西洋中脊、印度洋中脊和红海扩张区。迄今,已经发现的海洋硫化物矿体的规模约为 $6×10^8$ t,其中含有的 Cu、Zn 资源量约为 $3×10^8$ t,新发现的生物种类已多达 10 个门、500 多个种属。热液研究促进了地质学、地球化学、微生物学、分子生物学等多学科交叉。本节简述硫化物成矿化学。

　　现代海底具有超过 55 000 km 的洋中脊系统和 22 000 km 的岛弧系统,均存在热液活动。热液系统里有热源(熔浆或者初凝的岩石)、多孔介质(具有断层或者裂隙的火山岩洋壳)以及贯穿这一系统的流体(海水)。如图 7-7 所示,流体在围岩中循环:海水下渗,在补给区发生低温水岩反应,随后进入深度最大、温度最高的反应区,成为高温的具浮力的热液流体,在上升区以较快的速度排到海底。

　　海水与洋壳相互作用可形成两大类沉积体:以金属硫化物、硫酸盐甚至碳酸盐为主的近喷口热液沉积体和远离喷口的富金属(Fe、Mn 等)沉积物。近喷口热液沉积体由各种各样的烟囱体和热液丘组成,由中-高温的集中流形成,主要为金属硫化物堆积体;而远离喷口的含金属

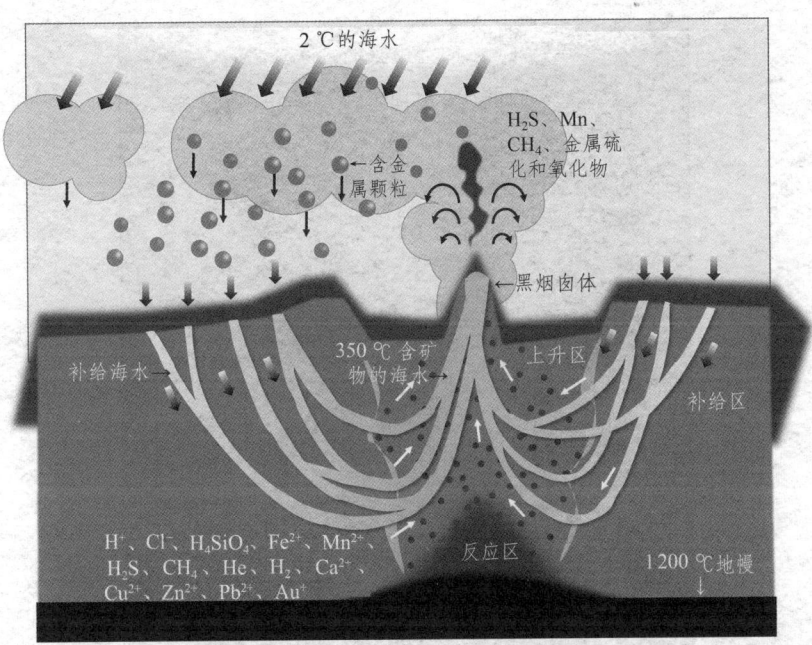

图 7-7 洋壳内热液形成过程与系统组成

沉积物主要由低温弥散流和热液羽流以及熄灭的硫化物烟囱体的风化垮塌形成。

近喷口烟囱体即为硫化物的热液成矿系统。该矿床是高温热液从喷口排出时由于硫化物或非金属矿物微粒的快速结晶,形成黑、白色的雾状体,即黑烟囱体和白烟囱体。根据海底热烟囱的形成方式和形成温度,其分为高温型黑烟囱体(形成温度为 350~400 ℃)、中温型白烟囱(形成温度的 100~300 ℃)以及低温型溢口(形成温度<100 ℃)。热液流体温度≥350℃时,主要形成的黑烟囱体由富铜硫化物和硫酸盐组成,而当流体温度在 100~350 ℃时,形成的白烟囱体主要由硅质、硫酸盐及少量富 Zn 的硫化物、白铁矿等组成。

近几十年来,对于烟囱体(包括硫化物丘体、侧翼和尖塔结构)的生长模式研究颇多。在 EPR21°N 地区的黑烟囱体的模式中,烟囱体的形成分为两个阶段(见图 7-8)。在第一阶段,偏酸性富含金属、硫化物以及 Ca 的热液流体以每秒数米的速度与周围偏碱性的贫金属、硫酸盐以及富 Ca 的较冷(2 ℃)海水混合,硬石膏($CaSO_4$)和细粒的 Fe、Zn 以及 Cu-Fe 金属硫化物产生沉淀。在喷口附近产生环状硬石膏沉淀,阻滞热液与海水的直接混合,且成为其他沉淀基底。在第二阶段,环状硬石膏内形成通道,黄铜矿($CuFeS_2$)开始沉淀。热液流体与海水在疏松多孔的烟囱体壁进行扩散或对流,导致硫化物和硫酸盐在烟囱体壁的孔隙中沉淀。烟囱体壁渗透性逐渐降低,但通道保持畅通,大部分流体从其顶部进入海水,形成规模较大的热液羽流并导致大量矿物沉淀的发生。

海底热液喷口活动时间从几年至几十年不等。烟囱体熄灭后,由于氧化性海水的溶蚀而发生垮塌,形成巨大的硫化物矿体。其下部可能继续发生热液渗流和交代而成矿。整个硫化物矿体的寿命为数万年到数十万年,直至被深海沉积或被玄武岩埋藏覆盖或被海水氧化而逐步消亡。

硫化物烟囱体的形成和蚀变耦合了生物的作用。各种微生物主要通过化能合成自养过程,利用多种无机和有机化学能量生长繁殖。例如,还原性的热液流体与周围氧化性的海水混

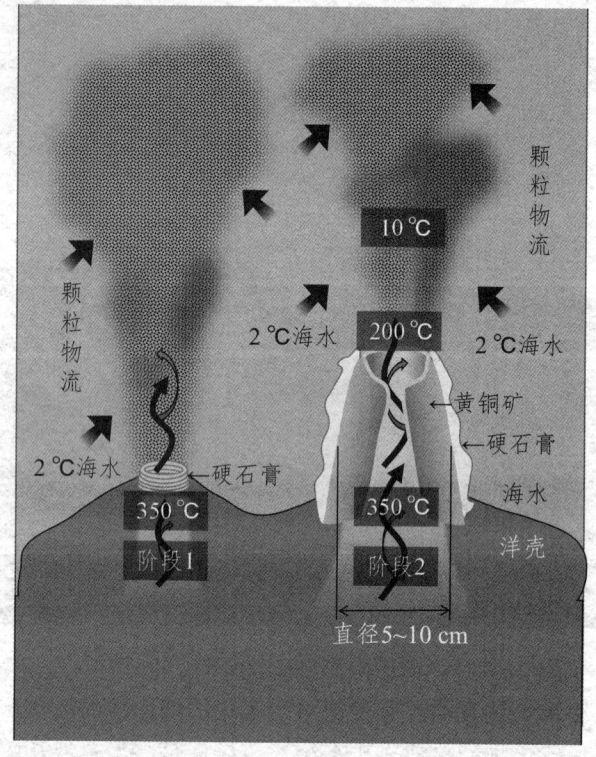

图7-8　典型的热液烟囱体生长模式图

合时,生物参与了矿物沉淀过程。烟囱体分层研究显示,从高温内部到低温外壁存在大量的微生物群落且具丰度梯度。在热液系统中发生的各种生物化学、地球化学、地质过程实际上是一个耦合在一起的有机整体。

不同构造背景下的成矿特点会有所不同。超慢速扩张洋脊是指扩张速率小于 2 mm/a 的大洋中脊,主要包括西南印度洋洋脊、加克海脊以及一些小海脊,其长度约占全球洋脊的 25%。超慢速扩张洋脊的热源系统比中快速扩张洋脊的热源系统弱,但该系统中地幔橄榄岩常常直接出露海底,并蛇纹石化,使之在洋脊深部断层系统附近就可以形成热液喷口和堆积成热液矿点。超慢速扩张洋脊的热液硫化物矿体的产生包括热交代作用、岩浆去气作用和岩浆组分的加入、热液流体和上覆沉积物的相互作用等一系列过程,且基性、超基性岩系等会有影响,导致其与中快速扩张洋脊形成的硫化物有所区别。此外,超慢速扩张洋脊的构造相对稳定,发育多期的硫化物矿体能较好堆积和保存,从而形成较大规模的矿产。

📖 思考题

1. 铁锰结核成矿的影响因素有哪些?

2. 海山在富钴结壳成矿过程中的作用有哪些? 应该提供哪些成矿条件?

3. 什么是海山成矿的化学障? 其形成与什么有关? 与成矿相关的化学特色是什么? 海山成矿的化学障在富钴结壳成矿过程中的作用是什么?

4. 热液流体如何产生?

5. 硫化物烟囱体、硫化物矿体是如何形成的?

第八章
海洋环境地球化学

环境地球化学是基于地球化学揭示人类生存与环境之间的内在联系的学科。这是环境科学与地球化学的交叉科学,也是地球化学与现代高端科学技术综合交叉的发展趋势。其内容包括:原生的地球化学环境与人类健康、全球环境变化的地球化学记录、环境污染的地球化学、人类活动产生的地球环境效应。在全球环境变化研究和海洋生态文明建设中,海洋环境地球化学发挥着重要作用,本章主要介绍以下几方面内容。

第一节 ◎ 典型污染物地球化学

化学物质对生物的毒性和对生态的影响是海洋生物地球化学循环效应的重要体现,过量的化学物质会影响生态环境,影响海洋生物的生长和繁殖。由于人类现代化生产和活动,大量排入近海的氮、磷、重金属以及 POPs 物质已对海洋环境产生了重要影响,其生物效应通过食物链传递使其危害更加显著。从地球化学角度揭示这种影响有助于人类从更大的视野反思自我发展模式。

一、微塑料的搬运

海洋垃圾是指海洋和海岸环境中具持久性的、人造的或经加工的固体废弃物。这些海洋垃圾一部分停留在海滩上,一部分漂浮在海面或沉入海底。其中,海底垃圾主要为玻璃瓶、塑料袋、饮料罐和渔网等。海底垃圾的平均个数为 0.04 个/百平方米,平均密度为 62.1g/百平方米。其中,塑料类垃圾的数量最大,占 41%;金属类、玻璃类和木制品类垃圾分别占 22%、15% 和 11%。垃圾影响海洋的生态环境,给海洋中的生物造成了非常严重的影响。

在海洋垃圾大量入海的背景下,由于塑料在阳光、温度、波浪的作用下会不断裂解,而非降解,微塑料成为一种与人类活动密切相关的新型污染物。微塑料一般被定义为尺寸小于 5 mm 的塑料制品,主要分布在河口、海滩、近海、大洋及两极和深海等地。

人们在世界上最深海沟的表层沉积物中发现了丰度较高的微塑料,其平均丰度为 71.1 个/kg 干重(即 89.6 个/L 干重)。超过 10 000 米的世界最深的马里亚纳海沟表层沉积物中微塑料含量为 200~2 200 个/L,明显高于大多数深海沉积物中的含量;底层海水中微塑料含量为 2.06~13.51 个/L,比开放大洋表层及次表层水中微塑料含量高出数倍。这证实了微塑料污染已到达全海深,在地球最深部积累,深渊海沟成为进入海洋的微塑料的重要储存库和最终的汇集。

搞清微塑料的环境行为及其源汇有助于对这"人类世"标志性污染物的全球治理提供依据。目前已知微塑料搬运到深海的过程包括垂向沉降和侧向迁移两种类型。前者受控于颗粒密度、海洋动力过程、生物作用和海洋雪聚集等因素,而后者与内波、深海浊流和气候事件等因素有关。在侧向迁移的同时,也会发生垂向沉降。微塑料可能在几天或几年时间内沉积到海底,需要数百或数千年才能到达海沟。

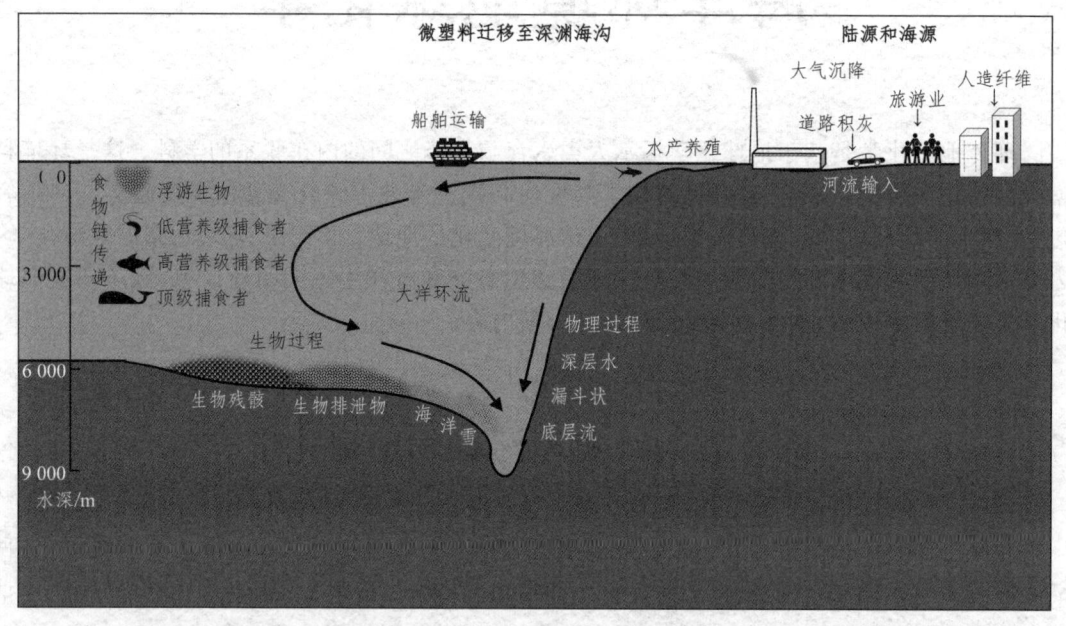

图 8-1　陆源和海源微塑料进入海沟过程示意图(根据彭谷雨,2020 年重绘)

垂向沉降具体有以下几种机制:

海洋雪机制:海洋上部透光层有机物的生产活动会产生被称为海洋雪的有机物碎屑沉入海底。微塑料通过海洋食物网,存在于粪便颗粒或动物尸体中,聚集成海洋雪被垂直运输到海洋更深层,在海洋雪中已检测到微塑料的存在。

生物附着:微塑料表面的附着生物会增加其密度,加快其垂直输运至海底。在浮游植物中聚集的聚丙烯碎片最少 14 天就足以达到 4 900 m 的海底。

"生物冠"机制:从微塑料上高浓度的氮可推测大分子或微生物在微塑料表面上形成的"生物冠",促成其垂直输运。

海沟漏斗效应:海沟的漏斗状地形会使有机物和其他物质积累,经受漏斗效应沿着沟槽的轴线下沉的微塑料几乎没有排除出去的机制。与上述重力驱动运输相比,底层流发挥更大的作用。陡峭的海沟坡度和偶尔的地震活动也会加速该过程。

侧向迁移有海洋表层微塑料的侧向迁移和海底微塑料的侧向迁移。海洋表层洋流系统控制了漂浮微塑料的侧向迁移,可以远距离搬运。沉积在海底的微塑料能够随再悬浮沉积物向深海侧向迁移,使得海底峡谷沉积物中塑料碎屑含量高于邻近陆架沉积物。海底峡谷中突发的内波会引起微塑料颗粒在搬运过程中的剧烈扰动,强烈增加微塑料搬运速度、缩短搬运时间。深海浊流对微塑料搬运还有待深海原位观测结果的验证。另外,海冰的生长能够清除悬浮在水柱中的微塑料,当海冰冻结到底床时,也能夹带海底微塑料碎屑。极地海冰在洋流的作用下能远距离漂移,如北冰洋海冰到达巴伦支海,在融化中释放大量微塑料。当然海冰也可以作为物理屏障,阻碍微塑料污染严重的大西洋表层水入侵北冰洋。

二、重金属污染

重金属污染是评估人类活动引起环境变化的代表性污染物,了解其地球化学行为有助于在更大的时空观下制定或调整沿海沉积物中重金属的污染控制策略。

海岸带是地球表层陆地与海洋交互作用的地带,具有独特的陆、海属性,是动态而复杂的自然体系。海岸带接纳了自身和来自流域或海洋的采矿与冶炼、汽车和船舶运输、化石燃料燃烧、农业和养殖业径流等人类活动排放的重金属等污染物,而海岸带沉积物最主要的成分就是能很好保存重金属的"泥"。沉积物对水体中重金属吸附主要与有机质的含量有关,黏土矿物也有吸附作用。温度和电导率变化会使 Cr、Cu、Cd、Pb 等重金属由非稳态向稳定态结构转化,碱性物质在厌氧过程中也能固定沉积物中的重金属。海岸是陆海污染物的过滤器与缓冲器。

水体动力学影响沉积物的搬运,颗粒物运输和沉淀控制重金属的横向分布,沉积物重金属总量分布主要与细颗粒部分有关。水动力原因造成的沉积物颗粒的短期再悬浮会促使原位沉积物中重金属的释放,影响重金属在沉积物中进一步分配。原位沉积物-水界面微量元素的通量取决于其在界面下的释放和固定化反应,同时还受沉积物氧化还原条件和不同元素扩散过程之间的动力学竞争的控制。人为源元素(K、Ba、Zn、Pb、Cd、Ag、Tl 和 U)与天然源元素(Na、Mg、Ti、V 和 Ca)间就存在拮抗作用。重金属释放受其在溶液相的环境条件影响,温度、pH、氧化还原电位(Eh)、粒度和有机质对沉积物中重金属形态的分布、转化存在较大影响。

上述水动力原因造成的沉积物颗粒再悬浮促使重金属的净释放从长期来看是有限的。沉积物地球化学特性及成岩作用、沉积地域的差异性和重金属赋存状态都会影响重金属的释放。另外,生物活动会影响重金属在沉积物中的状态。生物吸收酸溶性及可还原态的重金属,会促进重金属由沉积物向生物体内的转移,造成生物体内积累。底栖生物和藻类的生命活动可以为沉积物创建厌氧环境,增强腐殖质悬浮固体,但底栖动物活动对重金属的原位积累贡献率较低。

重金属对环境的影响包括产生生物毒性和影响生态系统。重金属进入海域后与颗粒物相结合沉降到海底,导致沉积物中重金属含量升高。当沉积物受到生物扰动时,其中的重金属可能会被释放,对水体中的生物造成潜在危害。一旦沉积物中重金属含量超过安全标准,它们对生物的危害可以达到几十年之久。沉积物中重金属的积累还会影响其碳库的功能。海岸带具有丰富的生态系统,具有巨大的固碳、储碳潜力,在应对全球气候变化中具有极其重要的地位。植物体在积累的重金属超过其耐受力时会死亡,进而破坏原有的生物群落结构,影响其固碳功能。重金属可通过影响海岸带土壤中的微生物群落,从而影响土壤的分解。

为评价重金属在海洋沉积物中的稳定度和风险性,可用连续提取法对沉积物重金属进行形态分析,借助聚类分析和与惰性元素 Fe 参比,可了解沉积物重金属对原位环境变化的响应。借助更多的地球化学信息,可获得不同形态重金属空间分布与地球化学特性的相关性,以更好地评估重金属对地球环境的影响。

三、多环芳烃

多环芳烃(Polycyclic Aromatic Hydrocarbons,PAHs)是普遍存在于环境中的半挥发性疏水有机化合物。鉴于它对生物的致癌、致畸和致突变效应,其对人体健康和生态系统会产生一定的风险。

多环芳烃是持续产生且具有半挥发性的物质,可参与到物理传输、多介质分配和生物地球化学循环的过程中,具有重大的地球化学意义。多环芳烃通过大气远距离传输、海-气交换、地表径流和石油泄漏等途径进入海洋环境中,并传输到远洋、极地和深海地区。目前已在海洋大气、水体、沉积物和海洋生物中发现了 PAHs。

迁移并埋藏在海洋沉积物中是 PAHs 在海洋环境的最终归宿。PAHs 从表层海水迁移到深层海水的途径包括:通过温盐环流的表层洋流的俯冲作用、沉积物从沿海地区向大陆架地区迁移以及随颗粒物从充分混合的表层海水沉降入深层海水(海洋"生物泵"作用)。楚科奇海陆架区是北极圈内 PAHs 的埋藏区之一,这与该海域夏季较高的初级生产力、陆源浊流输送和石油开采活动有关。波罗的海深水中 PAHs 通过流入波罗的海的盐水流与高污染的带海以及阿尔科纳盆地的地表水混合,再从斯托尔佩海峡和东哥特兰盆地斜坡的再悬浮蓬松层物质以及表层沉积物中解吸,使低分子量的 PAHs 最终进入波罗的海深层海水。在大西洋、太平洋和印度洋,每年由于生物泵作用,沉降的 PAHs 通量为 0.008 Gg。微生物降解是海洋 200 m 水深以内 PAHs 的主要消耗机制。另外,PAHs 与其他传统的 POPs 不同,它们不存在随营养级的生物放大作用,这主要与生物体对 PAHs 的低同化率和高代谢率有关。

第二节 ◉ 地球化学与全球气候

一、沿海生态系统与蓝碳

2023 年联合国秘书长古特雷斯警告说:全球变暖的时代已经结束了,全球沸腾的时代到来了。化石燃料的使用是造成极端高温的罪魁祸首,减少温室气体排放的气候行动是必需的。联合国会员国承诺遵守《巴黎协定》,该协定旨在防止全球气温比工业化前水平升高 1.5 ℃,并确保不超过 2 ℃。地球已经升温超过 1.2 ℃,这主要是由化石燃料的燃烧造成的。预计到 2100 年,按照目前实施的减排政策,地球将升温约 2.5 ℃。

人类认知能力有限,技术通常只能带来部分解决方案,无法实现整体优化。例如,向核能和可再生能源的转变也会带来放射性物质等废弃物处理等新课题。除非人类认识到自己的生物性,发挥俯瞰全貌想象未来的能力,否则"人类世"可能成为人类灭绝期的名称。

图 8-2 所示为碳泵类型与全球气候系统的关联。该图显示了控制气候的能量、水和二氧化碳的主要流动途径,以及调节地球温室效应和决定太阳能变化趋势的主导过程。该图未显示洋中脊附近的暖流,它可将二氧化碳从海洋转移到浅海地壳。

世界上的海洋生物能够固定碳总量的 55%。蓝碳,即海洋生物捕获的碳,该概念产生于 2009 年国际多个联合机构的报告。这是基于地球系统学并在对海洋在全球气候变化和碳循

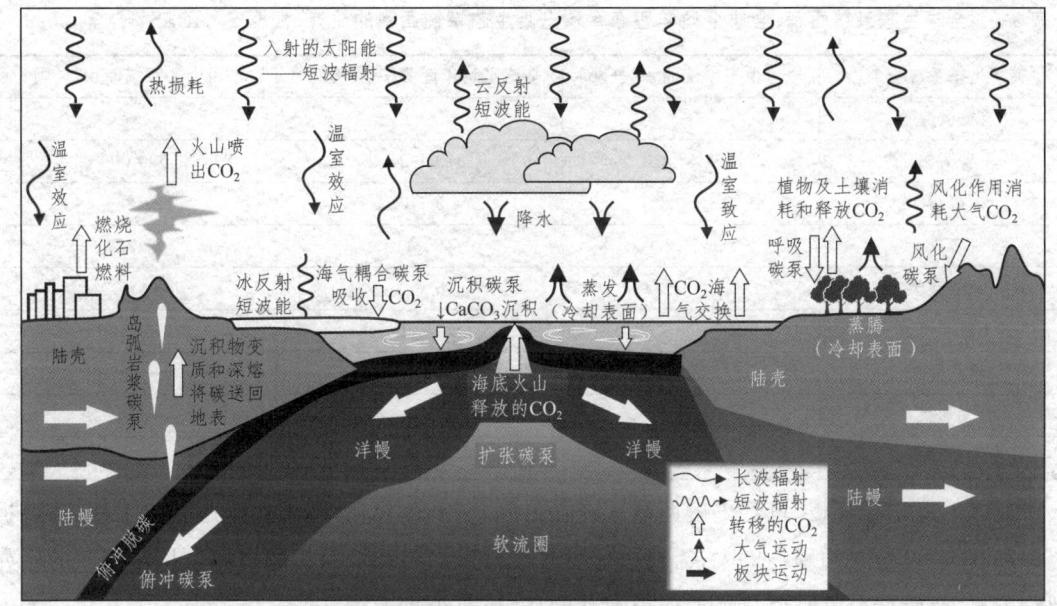

图 8-2 碳泵类型与全球气候系统的关联（根据李三忠等，2023 年重绘）

环过程中的关键作用的认识上提出的，体现了人们对气候和环境认识的全球视角。2010 年联合国提出了蓝碳计划，强调了沿海生态系统在降低大气二氧化碳水平方面的重要性。2013 年科学家首次定量指出沿海海洋可能是大气二氧化碳的净汇。

海岸带面积仅占全球海洋面积的 0.2%，但海岸带沉积物中所埋藏的碳可占全球海洋沉积物总碳储量的 50%；海岸带以盐沼、红树林和海草床 3 种生态系统为主，能够捕获和储存大量的碳并将其长期埋藏在土壤或沉积物中，被称为海岸带蓝碳（coastal blue carbon），这是蓝碳框架的三大生态系统。海岸带蓝碳的特点是：高生产力、对 CO_2 的高捕获力、良好的封存条件、低甲烷排放量、长时间尺度不饱和。我国是世界上为数不多同时拥有这三大蓝碳生态系统的国家之一。其中滨海盐沼的年碳埋藏量约占我国蓝碳生态系统的 80%。

大型藻类是沿海生态系统中最广泛和最多产的，全球覆盖面积为 200～680 万平方公里，并以生物量、溶解有机碳和颗粒有机碳的形式出口全球约 43% 的初级产量。据估计，从产区输出的大藻碳中有 24% 被封存在深海沉积物中，大型藻类向公海输出的有机碳为每年 2.4 亿吨碳，而沉积物和深海中潜在封存的大藻碳估计约为每年 1.73 亿吨。这与所有其他蓝碳栖息地吸收的碳总量相当。

无植被的潮滩通常被认为是与有植被的海岸湿地相邻的生境。它们是平缓倾斜的海岸线上的潮间带砂或泥堆积区域，泥沙流入较多，位于陆地和海洋的界面。滩涂的日净初级生产力为滨海植被湿地的 10%～20%。然而，潮滩也具有与沿海植被生态系统类似的高碳固存能力，特别是在水动力环境下为促进碳埋藏和河流沉积物供应提供大量有机质的河口。

除上述典型生态系统外，目前研究热点还集中在对典型区域的研究。比如巴西、北欧，还有中国。巴西的管辖海域被称为"蓝色亚马逊"，包含植被和非植被的沿海和海洋生态系统（红树林、盐沼、海草草甸、海洋动物森林及高盐潮滩等），这些生态系统可能共同含有大量储存的碳，使巴西成为测试评估、保护以及恢复蓝碳生态系统的重要地区。表 8-1 所示为全球生态系统面积、全球平均年埋藏率和巴西生态系统面积的估计。

表 8-1 全球生态系统面积、全球平均年埋藏率和巴西生态系统面积的估计（根据 SOARESMO 等，2022）

蓝碳生态系统类型	全球生态系统面积（公顷）	全球平均年埋藏率（百万吨）	巴西生态系统面积（公顷）
有植被覆盖	—	—	—
红树林	8 148 400	31.0～34.4	990 000
盐沼	5 495 089	4.8～87.2	28 886
海草	26 656 200	48～112	67 825
大型藻类	354 000 000	0～42	1 144 232
无植被覆盖	—	—	—
高盐潮滩		400	5 700
大陆架	—	—	—
海洋动物森林			

通过上述定量分析，可看出巴西蓝碳存在的问题，具体包括：基础数据还有待于补充；保护意识和政策落后；人类影响极大，需要政府做好经济发展与环境保护的平衡。从对巴西的研究现状分析，蓝碳研究的需要与环境保护现状相比，还有很大差距。

蓝碳是从宏观角度看生态系统对碳的固定和储存作用，研究其减弱温室效应，减缓全球变暖的进程。目前，对蓝碳的研究主题由沿海生态系统的固碳能力、机制，发展到蓝碳保护与恢复，再到寻求蓝碳理论和方法上的突破。

二、深海地球化学与甲烷

地球表层甲烷的迁移转化与气候变化、全球碳硫循环、海底生态环境等密切相关。现代海底冷泉是典型的富甲烷环境。甲烷的生物地球化学是以微生物为介导的多系统、多过程的耦合过程，从全球视角来看，海洋中小小的微生物古菌在维持着全球气候的稳定。甲烷通量在很大程度上控制着海底冷泉区生物地球化学过程及生态系统。对冷泉系统与其他深海系统进行共同研究是一个深海地球化学未来研究的主要趋势。

1. 甲烷

甲烷是一种强效温室气体，并主要通过有机物的生物降解或有机物的深层热分解在海洋沉积物中产生。甲烷会通过海洋沉积物向上迁移，可能逃逸到海洋甚至大气中。海洋约占全球表面积的 70%，每年产生的甲烷量为 8 500 万吨～3 亿吨，其中 90% 的甲烷在释放到大气圈之前会被由微生物参与的甲烷厌氧氧化（AOM）所消耗。但考虑到广阔的海底面积，通过海底进入海洋的甲烷通量预计将占全球碳预算不可忽略的一部分。

AOM 是以厌氧甲烷营养古菌（ANME）或 NC-10 细菌等微生物为介导的一类生物地球化学过程。AOM 过程分为以 SO_4^{2-} 为电子受体的硫酸盐还原型甲烷厌氧氧化（S-AOM）、以 NO_3^-/NO_2^- 为电子受体的反硝化型甲烷厌氧氧化（N-AOM）以及后来发现的以 Fe^{3+} 和 Mn^{4+} 为最终电子受体的金属甲烷厌氧氧化（metal-AOM）。AOM 在调控全球甲烷收支平衡以及缓解因甲烷引起的温室效应等方面扮演着十分重要的角色。

2.冷泉

美国阿尔文号于1983年首次在墨西哥湾3 200 m深处发现海底冷泉,这是继海底热液之后又一项重要深海发现。冷泉通常是指以硫化氢、甲烷或其他碳氢化合物的气体在重力或压力的作用下发生泄漏或涌出海底沉积界面的流体渗漏活动,并与周围海水的温度相近,呈线性群产出。现代海底冷泉是典型的富甲烷环境,冷泉系统中与甲烷厌氧氧化耦合的微生物硫酸盐还原作用(AOM-MSR)是甲烷最主要的消耗方式。

该过程消耗了90%以上从沉积物深部向海底渗漏的甲烷,并为独特的冷泉生态系统提供了最基础的能量来源。在正常海洋沉积物中对硫酸盐的还原以有机质硫酸盐还原(OSR)过程为主,这一过程以有机质为电子受体。OSR反应原理为:$2CH_2O + SO_4^{2-} \rightarrow 2HCO_3^- + H_2S$。在冷泉区,甲烷的富集吸引了微生物的聚集,从而加快了由微生物主导的硫酸盐还原作用过程(MSR)的速率,促进了硫酸根的消耗。根据甲烷通量的高低,冷泉活动类型分为2种:低通量甲烷扩散型和高通量甲烷冒泡型,如图8-3所示。

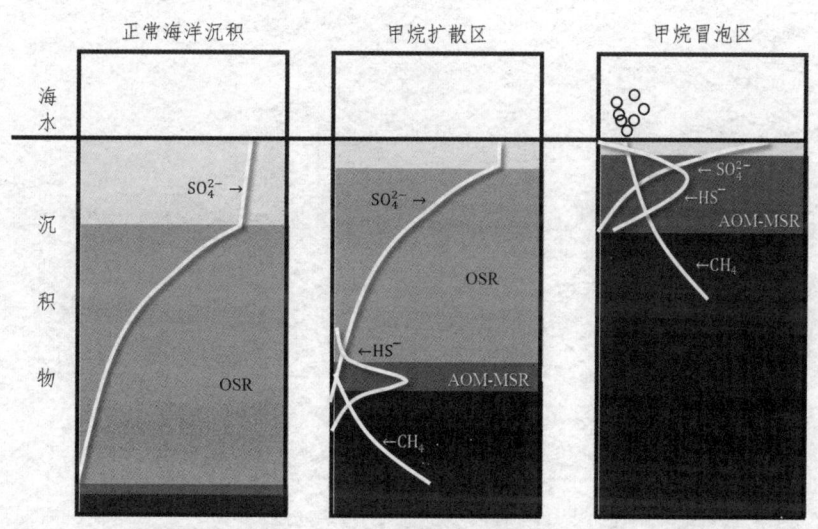

图8-3　正常海洋沉积和冷泉(甲烷扩散区和甲烷冒泡区)硫的生物地球化学过程

(根据冯东等,2019重绘)

热液和冷泉均是现代海底极端环境系统的重要组成部分,也是物质从岩石圈向外部圈层(生物圈、水圈和大气圈)进行转移和交换的重要途径和中枢环节,是地球物质循环的基本过程之一。长期以来,对于这两个系统的探测与研究却是彼此独立甚至割裂的。但最近,一系列调查研究表明,海底冷泉和热液活动并不是彼此孤立的,而是在构造地质、生物生态和元素循环上有某种相互作用或耦合关系。将冷泉与其他深海系统共同研究是未来冷泉研究的热门方向。也就说以冷泉为切入点,未来的深海研究可能是多生命系统的有机结合。例如,冷泉与热液在构造地质、生物生态和元素循环上有某种相互作用或耦合关系,这体现了地球系统学对海洋地球化学发展的影响。

📖 思考题

1.微塑料沉入海底的机制有哪些?

2.除生物毒性外,重金属对环境的影响有哪些?

3.相对于碳泵,蓝碳关注的重点是什么?

4.从甲烷角度分析,深海对地球环境有什么影响?

第九章

海洋古环境再造技术

第一节 ◎ 表层海水古温度再造方法

全球变化是一个巨大的、极其复杂的、涉及多学科的领域,地球化学在全球变化的研究中有着不可替代的作用,如通过对海洋沉积物的化学分析可以恢复古气候和古环境,认识地球系统环境的变化过程与机制,从而为预测未来气候环境的物理模型的建立提供基础资料,有效地减少预测中的不确定性。古海洋学最为经典的问题之一就是测定表层水的古温度(SST),方法包括应用微体古生物的标志性种和标志性种组合、转换函数、有孔虫氧同位素、U_k^{37}、有孔虫Mg/Ca 比值以及珊瑚骨骼 Sr/Ca、U/Ca 和 Mg/Ca 比值等。

一、标志性种和标志性种组合法

大洋表层与深部有不同的生态条件,生物群落具有很强的专属性,标志性种、标志性种组合分为底层水和表层水两大部分,对水团温度具有定性的指示作用。

在指示底层水方面,我国近岸底栖有孔虫中的指冷种有 Buccella frigida、Eggerella advina 等,主要分布在黄海北部。而指暖种 Pseudorotalia、Asterorotalia 等只出现在南部海区。现代大洋中的介形虫属于"冷水圈"介形虫。而在白垩纪以及第三纪初期的大洋里,介形虫组合属于"暖水圈"类型。这表明新生代以来大洋底层水经历了一个变冷的过程,与底栖有孔虫反映的情况相吻合。

表层水的指示主要应用浮游有孔虫及其组合。冷水种 Neogloboquadrina pachyderma 在北大西洋伴随着冰筏沉积物大量出现,成为识别 Heinrich 事件的重要标志。浮游有孔虫热带种 Pulleniatina obliquiloculata、Globigerinoides ruber 和 Globigerinoides sacculifer 在黑潮主流轴区含量十分丰富,而浮游有孔虫温凉水种 Neogloboquadrina dutertrei 和 Neogloboquadrina pachyderma 在黑潮主流轴区一般含量较少。这些特点揭示末次冰期时高温、高盐的黑潮主流轴可能东移出琉球群岛以外。

二、非种方法

在大洋中,微体生物的生态表型也往往受到环境条件的制约,具有一定的指温、指纬的意义。从极地到热带表层沉积样品中截锥圆辐虫 Globorotalia truncatulinoides 具有明显不同的形态类型:热带地区为高耸的圆锥形,冷水区则呈被压扁的形态,直至最终变成平坦甚至凹陷状。喜凉的浮游有孔虫 Globigerina bulloides 随着水温的下降而壳口增大,而喜暖的浮游有孔虫 Globigerinoides ruber 的主壳口却向赤道变为以弧形为主。Neogloboquadrina dutertrei 的齿状脐叶在热带最为常见,到亚热带有减少的趋势,而在凉-温水域则明显减弱或消失。Neogloboquadrina pachyderma 的壳面有结晶加厚现象,而且纬度越高,加厚越明显。Neogloboquadrina pachyderma 在冷水中以左旋为主,在年平均气温 9 ℃以上的较暖水中,则变为以右旋为主。超微化石中的 Emiliania huxleyi 在暖水中,其近极盾的中央区开放,只具一薄的栅状网;而在冷水中,其近极盾中央区无孔。

二、转换函数法

转换函数法是指找出现在海水温度与有孔虫化石组合的关系,再将地层柱中微体化石含量逆推古水温。其工作流程如下:

(1)将表层沉积物中的定量数据做因子分析,得出代表性的组合。例如,大西洋的现代浮游有孔虫可划分为热带、亚热带、极区、亚极区和环流边缘五个组合。

(2)用多次回归分析求出各项环境参数公式和转换函数。

(3)将钻孔中的化石数据按上述有孔虫组合进行分解,即 $U_{dc} = F_{dc}V$。其中:F_{dc} 为钻孔中有孔虫的定量数据;V 为描述矩阵;U_{dc} 为所求化石的组合。

(4)用转换函数对钻孔中的有孔虫化石组合做古环境估算:$E_{dc} = U_{dc}P$。其中:E_{dc} 为古温度。

用大西洋的表层沉积物浮游有孔虫推算古温度和古盐度的转换函数为:

夏季表层海水平均温度:

$$T_s = 19.7A + 11.6B + 2.7C + 0.3D + 7.6 \tag{9-1}$$

冬季表层海水平均温度:

$$T_w = 23.6A + 10.4B + 2.7C + 2.7D + 2.0 \tag{9-2}$$

表层平均盐度:

$$S = 2.0A + 1.9B + 0.8C - 1.6D + 33.8 \tag{9-3}$$

式中:A、B、C、D 分别代表地层样品中热带、亚热带、亚极区和环流边缘组合的数值。一种转换函数仅适用于某一海区,如上述的转换函数适用于大西洋地区。

数学方法本身的局限转换函数会出现信息的丢失,且只适用于一定温度范围的海区。MAT(Modern Analog Technique)现代类比法可避免这些缺陷。用温度的标准方差指示现代环境下特定有孔虫组合所表示的温度的变化范围,如果在现代环境中可以找到一个相似的组合,那么具有现代类比;如果不似性过高,则代表没有现代类比。该方法的精度有所提高,计算误差:夏季温度为 0.45 ℃;冬季温度为 1.27 ℃。

以上方法是基于对现在大洋浮游有孔虫的因子分析,以及结合现在大洋环境参数的回归分析。其假设基础是化石群落与转换函数中的现代因子群落有类比关系,也即化石群落在属种成分及其生态地位上与现代因子群落相同。然而正是这个假设导致了这个方法的缺陷,只能构建更新世以来的 200 多万年的古水温的历史,对更老时代,因为可能有灭绝的属种和对环境的未知,其温度分析无能为力。

目标因子分析方法是对上述方法的改进。该法先依据一组时间序列（钻孔数据），采用基于现代因子群落推导的古温度转换函数，再造一古代时间面的温度场；利用此温度场，基于该时间面上的古群落再行建立转换函数，以应用于更老时间段的古温度推算。例如，先计算0.0～2.0 Ma B.P.的古温度，再造1.8～2.0 Ma B.P.时间面的古温度场。对此时间面上的化石群落，舍去由此产生的新种并加入从此以后灭绝的种类，建立一个适用于1.8～2.6 Ma B.P.时间面的转换函数。对西太平洋8个DSDP钻孔的浮游有孔虫群落统计数据进行分析，取6个时间面，反复构建转换函数，可将古水温的研究历史从2 Ma B.P.上推到了5 Ma B.P.。

四、Mg/Ca 比值法

有孔虫在生长过程中，从海水中吸收Ca、Mg等元素形成碳酸盐壳体。Mg置换碳酸盐中的Ca是吸热过程，所以温度升高会导致壳体中Mg含量的增加。大量的实验结果均表明有孔虫壳体Mg/Ca比值与海水温度应该是一种指数函数关系：

$$Mg/Ca(mmol/mol) = be^{mT} \qquad (9-4)$$

或者

$$T = (1/m) \times \ln[(Mg/Ca)/b] \qquad (9-5)$$

式中：m 表示Mg/Ca比值随温度的指数变化；b 表示Mg/Ca随温度变化的幅度；T 表示温度。不同海区不同属种的 m 和 b 的值不一样。例如，浮游有孔虫和底栖有孔虫的Mg/Ca比值与海水温度的关系分别为：

$$G.\ bolloides\ Mg/Ca = 0.528 \times e^{0.102\,T} \qquad (9-6)$$

$$O.\ universa\ Mg/Ca = 1.36 \times e^{0.085\,T} \qquad (9-7)$$

$$Uvigerina\ spp.\ Mg/Ca = 0.94 \times e^{0.053\,T} \qquad (9-8)$$

现在普遍采用先进的电感耦合等离子体质谱仪（ICP-MS）进行有孔虫壳体Mg/Ca比值的测量。Mg/Ca比值法的理论误差仅为±1.1 ℃，考虑到盐度以及海水pH值的影响，其误差为±1.3 ℃。

由于该法依赖的载体是有孔虫化石，在碳酸盐溶解作用强烈的海区，它的应用受到了限制。

五、$\delta^{18}O$

早在1947年，Urey便发现在平衡条件下，碳酸钙从水中沉淀时，碳酸钙的氧同位素组成仅仅与水体的温度和氧同位素组成相关，这条规律奠定了地质古温度计研究的基础。综合各学者的研究，得到以下关系式：

$$T(℃) = 16.9 - 4.38(\delta_c - \delta_w + 0.27) + 0.1(\delta_c - \delta_w + 0.27)^2 \qquad (9-9)$$

式中：δ_c 为样品中碳酸钙的氧同位素组成；δ_w 为生物生长的水的氧同位素组成，单位均为PDB。如果忽略海水的氧同位素组成，即 $\delta_w = 0$，则上式可以改为：

$$T(℃) = 16.9 - 4.38(\delta_c + 0.27) + 0.1(\delta_c + 0.27)^2 \qquad (9-10)$$

因此，根据海洋沉积物中自生碳酸盐矿物的氧同位素组成，可获得海水的古温度。

地质历史时期海水的氧同位素组成经历过巨大的变化，可以用底栖有孔虫的$\delta^{18}O$值再造地质历史时期的海水的氧同位素组成,再应用上述各式和浮游有孔虫的氧同位素,就可以再造表层海水的温度。

但是,影响有孔虫壳体氧同位素的因素比较多,这些因素限制了用有孔虫 $\delta^{18}O$ 值估算海水温度方法的发展。

六、U_k^{37} 法

20 世纪 70 年代,在黑海和西非鲸鱼海岭的海洋沉积物中发现了一类含量较高的类脂化合物长链烯酮。后又发现只有一种叫 Emiliania huxleyi 的颗石藻和其他很少数属种是海洋沉积物中长链烯酮的主要来源。进一步的研究发现,该长链烯酮化合物的不饱和度(化合物中碳-碳双键的个数)与其生长的温度密切相关,使其成为一支优良的古温度计。

通过人工饲养颗石藻实验及已知海水表面温度的现代颗粒物样品分析,建立了 U_k^{37} 与古海水表面温度的直线方程:

$$U_k^{37} = 0.34T + 0.039 \tag{9-11}$$

$$U_k^{37} = [C_{37:2} - C_{37:4}]/[C_{37:2} + C_{37:3} + C_{37:4}]$$

式中:U_k^{37} 表示碳数为 37 的甲基酮的不饱和比值,U 表示不饱和度,k 表示甲基酮,37 表示碳数;$C_{37:2}$、$C_{37:3}$ 和 $C_{37:4}$ 分别表示碳数为 37,带有 2～4 个碳-碳双键的甲基酮。

但这种方法也存在一些问题,例如烯酮化合物是否还有其他来源有待进一步确定,Emiliania huxleyi 合成烯酮化合物是否与季节有关有待于进一步澄清等。

七、珊瑚骨骼 Sr/Ca、U/Ca 和 Mg/Ca 比值法

Ca、Sr 和 Mg 是海水中主要的金属元素,在每千克海水中的相应含量分别为 0.41 g、0.007 9 g、1.29 g。这些元素在海水中和珊瑚骨骼(文石)中的分配都服从亨利定律,亨利系数与温度和压力有关。在 100 ka 尺度内,海水的 Sr/Ca 比值变化仅在 0.45% 内,海水表面的大气压基本上也是恒定的,所以大洋中珊瑚骨骼的 Sr/Ca 比值变化与海水温度 T 的变化存在着相关性,可以建立相应的微量元素温度计,进行 SST 的重建。学者们在新喀里多尼亚、夏威夷、加拉帕戈斯、中国台湾岛、南中国海、爪哇、大堡礁、Dampier、日本海、百慕大以及琉球群岛、加勒比海等地区分别进行了珊瑚骨骼的 Sr/Ca、U/Ca 和 Mg/Ca 的研究,以探索微量元素温度计的建立和应用。

第二节 ◉ 古海洋生产力地球化学指标

海洋表层生产力是全球碳循环的重要环节,和全球的生物化学循环有着密切的关系。同时,古生产力的变化对海水的表层状况、上升流、季风波动以及环流变化等有一定的指示作用。古海洋生产力指标包括生物沉积物指标、元素地球化学指标、古生物指标等。生物沉积物指标和古生物指标受很多因素的制约:生物有机碳易于在沉积过程中降解,不易保存;生物成因碳酸盐受溶解作用的影响;生物硅在沉降过程中的溶解率和海底的循环速率难以估计;用有孔虫要考虑其保存率等。随着现代分析测试技术的进步,元素地球化学分析的精度与分析效率越

来越高,其在古海洋分析中的作用日益显现。

海底沉积物中元素的成因主要包括陆源成因、热液成因和生物成因。沉积物中只有生物成因的元素才可以反映生产力的变化,所以在用元素来反演生产力的变化之前要扣除其他因素的影响。这里,生物成因包括生物作用和非生物作用。前者主要是元素作为浮游生物的营养元素随着生物死亡沉降而到达沉积物中;后者是元素吸附在死亡的生物遗体表面随着生物遗体沉降而沉积。

一、陆源成分的扣除

只有少数的沉积环境中才有显著的热液来源,因此对于陆源成分的扣除显得十分重要。大量研究表明,Al 为铝硅酸盐矿物和地壳的主要组分,Ti 则主要分布在重矿物中,并且在成岩过程中 Al 和 Ti 都不易流失,所以 Al 和 Ti 常用来表示陆源成分。常用以下公式计算:

$$w(X_{生物}) = w(X_{样品}) - w(A_{样品}) \cdot [w(X)/w(A)]_{标准} \tag{9-12}$$

式中:$w(X_{生物})$表示生物成因元素 X 的质量分数;$w(X_{样品})$表示样品中元素 X 的质量分数;$w(A_{样品})$表示样品中 A 的质量分数,A 是代表陆源输入的元素(Al 或 Ti);$[w(X)/w(A)]_{标准}$表示选取标准中元素 X 和 A 的质量分数比值,常用的标准为后太古宙澳大利亚平均页岩(PAAS)和北美平均页岩。

在高生物颗粒沉积通量的海域,有"过剩铝"存在的环境中,生物颗粒可以从水体中吸附大量的 Al,这时常应用 Ti 来扣除陆源成分。"过剩铝"是沉积物中相对于 PAAS 中 $w(Al)/w(Ti)$比值多的那部分铝。

二、主量元素指标

1.Al

Al 和 Ti 常常用来定量描述陆源输送的贡献。在太平洋 135°W 和 140°W 区域内受陆源物质输送影响较小、沉积颗粒以生源颗粒物为主的地区,沉积物中出现明显的"过剩铝"信号,"过剩铝"约占沉积物中总铝的一半。赤道太平洋沉积物中"过剩铝"与蛋白石含量显著相关。中印度洋盆地沉积物中"过剩铝"是由海水中溶解态铝在颗粒物上的清除引起的,且清除与颗粒物类型无关。这些证据都说明"过剩铝"与表层生产力有关。

"过剩铝"在以生源颗粒物为主的沉积物中的沉积速率与表层海水的初级生产力密切相关,所以 Al 可以反演初级生产力的变化,但主要集中在受陆源物质输送影响较小、以生源颗粒物为主的海域。当陆源物质达到一定的含量时,陆源物质会掩盖"过剩铝"的信号。

2.Fe

浮游生物摄食会导致海水中一些生命元素的浓度降低,这些元素会成为控制海洋初级生产力的重要因素。例如,在海洋表层,特别是在一些富 N、Si 的上升流地区,Fe 的缺乏严重制约着生产力。海水中铁浓度每提高 1 倍,能导致生产力提高 7~10 倍。

在热力学平衡条件下,进入碳酸盐中的铁离子与海水中的可溶性铁成正比,而海水中的可溶性铁与表层生产力关系密切,因而碳酸盐中的 Fe 记录了古生产力的信号。影响 Fe 指标的因素有碳酸盐的溶解和重结晶、元素的交代作用等,在应用时应与其他指标一起使用。

3.P

P是初级生产力关键的营养元素。在地质时期,P的变化可以在很大程度上影响初级生产力的高低。但用P作为生产力的指标则要慎重。

在低生产力、海底主要为氧化环境的时期,有机质会被分解,埋藏P主要是有机P,有机C和有机P的质量分数比值相对小。但是在大量有机质沉降、海底主要为还原环境时,有机P大部分重新回到海水中。由于富P生物的个体和密度比较大,可快速沉降到海底,所以生物P是埋葬P的主要存在形式。在大陆架地区,生物P随着生产力的提高而提高。生物P在缺氧条件下更易保存,可以很好地指示生产力的变化。吸附在Fe氧化物表面的P与陆源碎屑P和生产力无关,仅仅与Fe氧化物的量和陆源的注入有关。此外,自生P还与海底其他条件和生物扰动有关,所以自生P对生产力没有指示意义。

因此,在用P作为生产力指标时,应该区分沉积环境和其中的P的形式。如果主要以生物P的形式存在,且海底为缺氧环境,则生物P可以用来指示生产力的变化;如果是在生产力总体偏低的海域,且海底为氧化环境,沉积物主要以有机P的形式存在,则有机P可以用来指示生产力的变化。

三、微量元素指标

1.Ba

生物成因Ba主要以重晶石($BaSO_4$)的形式存在。关于海洋重晶石($BaSO_4$)有两种成因假说:一种是有机质的降解使得硫酸盐和Ba在微环境中达到饱和而形成;另一种是生物直接吸收Ba进入生物骨骼形成$BaSO_4$,随着生物遗体的降解,Ba沉积到海底。这两种观点都表明生源Ba的通量与海洋生产力有关。

Dymond等指出,水体中溶解态Ba的含量和水深是控制生物Ba通量的因素,并建立了新生产力P_{new}和生物Ba通量的关系式:

$$P_{new} = \{0.171 \times F_{bio\text{-}Ba} \cdot [w(Ba_{diss})]^{2.218} \cdot D^{0.476-0.004\,78\,w(Ba_{diss})}/2\,056\}^{1.504} \tag{9-13}$$

式中:D为水深;$F_{bio\text{-}Ba}$为生物Ba的通量$[g/(cm^2 \cdot ka)]$;$w(Ba_{diss})$为水体中溶解态Ba的含量。

Francois等和Nurnberg等对其简化得:

$$P_{new}(Nurnberg) = 3.56 \times (F_{bio\text{-}Ba})^{1.504} \cdot D^{-0.093\,7} \tag{9-14}$$

$$P_{new}(Francois) = 1.95 \times (F_{bio\text{-}Ba})^{1.41} \tag{9-15}$$

Sarnthein等又给出新生产力和初级生产力之间的关系式:

$$P = 20(P_{new})^{0.5} \tag{9-16}$$

式中:P_{new}为新生产力$[g/(m^2 \cdot a)]$;P为初级生产力$[g/(m^2 \cdot a)]$。

Bonn等用Ba作为古生产力指标对南极大陆边缘海进行研究时得到比较令人满意的结果。由于目前人们对于生源Ba的形成机制以及Ba在海洋中的循环模式尚未完全了解,该指标尚存在争议。例如,对于上升流等高生产力的海域,由于存在大量的有机质沉降,导致水体处于还原条件,硫酸盐会被硫化细菌还原,从而造成$BaSO_4$晶体大量损失,使得Ba的生产力指示失真。

2.Cu、Zn、Ni

海水中的 Cu、Ni、Zn 可随着有机质的沉降或吸附在 Fe、Mn 的氢氧化物上而沉降到水底，随着有机质的分解或(和)氢氧化物的解吸，又会被释放到孔隙水中，在还原条件下形成硫化物而沉积下来，所以沉积物中元素 Cu、Zn、Ni 的质量分数与有机质的沉降量有着密切的关系。

基于 Cu、Zn、Ni 可以很好地定量计算初级生产力的变化，计算公式如下：

初级生产力＝到达海底的有机碳通量(OI)×6.67(假定只有 15% 的初级生产力沉积到水底)。OI＝稀有元素的沉积速率(AR)÷浮游生物中微量元素的质量分数×358 g/kg。

$$岩石沉积速率(AR_0)＝岩石密度(\rho)×沉积速率(v)$$

AR＝元素的质量分数$(×10^{-6})$×AR_0＝元素的质量分数$(×10^{-6})·\rho·v$

元素的质量分数$(×10^{-6})$＝元素的总质量分数－元素的陆源组分

元素的陆源组分＝Ti 的总质量分数×(元素/Ti)$_{Pass}$质量分数比值

上述指标仅仅适用于硫酸盐还原环境，因为在氧化环境中元素不能形成自身的硫化物而沉积下来，从而不能用来指示生产力的变化。

3.其他

海水中 Cd 主要吸附在有机质的表面而沉降到海底，并随着有机质的降解以硫化物的形式富集在沉积物中。Cd 与生产力有很好的对应关系。

在现代上升流区域，微晶碳酸盐中 $x(Sr)/x(Ca)$ 比值的增大与颗石藻的生长速度呈很强的相关性，因此，在以颗石藻碎屑为主的碳酸盐中 $x(Sr)/x(Ca)$ 比值可以作为古海洋生产力的指标。但海水中 $x(Sr)/x(Ca)$ 比值的变化还受到海平面升降和陆源输入的影响，在实际应用中应考虑研究区域的沉积特点。

在极度还原的硫化环境下，Mo 易与硫离子结合而进入沉积物中，其通量与有机碳的堆积速率近似成正比，因而在该条件下，Mo 可以作为生产力指标。例如，在缺氧环境的 Cariaco 盆地中，由于硫化条件的存在，$w(Mo)$ 和有机碳的沉积通量维持正相关关系；在某些古生代黑色页岩中，生产力与 $w(Mo)/w(Al)$ 之间有很好的对应关系；在白垩纪黑色页岩中，发现有机碳与 $w(Mo)$ 之间有非常好的正相关关系。在其他情况下，Mo 的沉积通量与生产力变化的关系并不明显。

四、同位素指标

海相有机碳同位素和无机碳同位素可以指示古生产力的变化。生物圈具有相对低的 δ^{13}C 值，碳酸盐具有相对高的 δ^{13}C 值，所以生物繁盛时，海水中沉淀出来的碳酸盐中的 δ^{13}C 值会出现正漂移；生物衰退时，δ^{13}C 会出现负漂移。常用底栖有孔虫壳体的 ^{13}C 来指示海洋生产力的变化。底栖有孔虫的表生种与底层水之间的 ^{13}C 保持平衡；而内生种与孔隙水之间的 ^{13}C 保持平衡。如果海洋的生产力高，有机质堆积速率高，其氧化造成孔隙水的 ^{13}C 偏低，于是内生种的 ^{13}C 显著低于表生种。因此，两者的差值可以反映表层海水的生产力。例如，表生有孔虫与内生有孔虫之间的 ^{13}C 差异很好地反映了北太平洋在更新世时的古生产力变化。在用碳同位素来指示生产力的变化时，要先分析研究区整体的地质背景，排除海水反转、甲烷水合物的释放、火山作用等其他因素对碳同位素异常的影响。

海洋表层植物的光合作用会使得有机质富集 ^{15}N，所以在高海洋生产力时，海相沉积的有机质会出现^{13}C 负偏和^{15}N 正偏。但沉积有机质中的氮同位素比值受到固氮反应、陆地输入、保存条件、水柱中的去氮反应、硝酸盐相对利用率的影响,在应用时尤其应该慎重。

上述不管哪个指标都与有机质的沉积速率、海底成岩作用的改造、生物的扰动等因素有关,因此在用地球化学指标来指示古海洋生产力的变化时,要结合各种其他方法(生物化石、岩性特征、沉积构造等)来确定其形成环境,再有目的地选择一定的指标来反演生产力的变化,在一个地区并不是所有的指标都可以用来反演生产力。

第三节 ◉ 古海水 pH 值代用指标

当前在全球变化研究中,气候变暖对人类社会的影响极为严重。与大气 CO_2 息息相关的是全球大洋 pH 值的变化。重建古海水 pH 值不仅可以反映大气 CO_2 浓度的变化,还可评估未来海洋酸性加强后对生态系统的影响。目前恢复古海水 pH 值的途径是利用海洋碳酸盐的硼同位素。

一、硼同位素—— pH 模型

在海水中,溶解态硼主要以 $B(OH)_3$(硼酸,平面三角结构)和 $B(OH)_4^-$(硼酸根,立体四面结构)两种形式存在。根据弱酸的电离平衡,两者的相对含量受海水 pH 值的控制,即:

$$pH = pK_B - lg(B(OH)_3/B(OH)_4^-) \tag{9-17}$$

式中:pK_B 是硼酸的表观电离常数。

^{10}B 相对富集在 $B(OH)_4^-$ 中。α 是硼同位素在硼酸根和硼酸间的分馏系数。pH 与同位素的关系为:

$$pH = pK_B - lg\{(\delta^{11}B_{sw} - \delta^{11}B_{B(OH)_4^-})/[\alpha^{-1}\delta^{11}B_{B(OH)_4^-} - \delta^{11}B_{sw} + 10^3(\alpha^{-1}-1)]\} \tag{9-18}$$

式中:$\delta^{11}B_{sw}$ 和 $\delta^{11}B_{B(OH)_4}$——分别指海水($B(OH)_3$ 和 $B(OH)_4^-$ 两相)和海水 $B(OH)_4^-$ 相对于国际标准 $NIST_{951}$ 的硼同位素值。

如果硼只以 $B(OH)_4^-$ 的形式进入生物碳酸盐,此时没有或很少有硼同位素分馏发生,则海洋生物碳酸盐的 $\delta^{11}B_c$ 值代表了共存海水中 $B(OH)_4^-$ 的 $\delta^{11}B_{B(OH)_4^-}$ 值,则海水的 pH 值与海洋碳酸盐中硼同位素的关系为:

$$pH = pK_B - lg\{(\delta^{11}B_{sw} - \delta^{11}B_c)/[\alpha^{-1}\delta^{11}B_c - \delta^{11}B_{sw} + 10^3(\alpha^{-1}-1)]\} \tag{9-19}$$

影响 pH 值准确性的因素为:① 硼只以 $B(OH)_4^-$ 的形式进入生物碳酸盐晶格中,且没有硼同位素分馏发生;② α 值、$\delta^{11}B_{sw}$ 值、pK_B 值的可靠性。

二、古海水 pH 的恢复

Spivack 等根据深海钻孔(ODP)采集的有孔虫的硼同位素,重建了太平洋 21 Ma 来海水的 pH 变化。结果显示 21 Ma 前海洋表层的 pH 只有 7.4,远远低于现今的 8.2,证明当时可能出现过超高的大气 CO_2 浓度。Sanyal 等测定了末次冰期有孔虫样品的 $\delta^{11}B$ 值,揭示了在末次冰期海水比全新世时海水的盐度升高了 3‰,碱度升高了 10‰,相应的 pH 值升高了 0.3。这个结果同 Vostok 冰芯记录的当时低大气 CO_2 浓度相匹配。Pearson 等利用大洋钻探计划获得的生活于不同深度海水有孔虫的 $\delta^{11}B$ 值的变化，建立了热带太平洋始新世中期古海水 pH 值随深度变化的关系，再结合估计海水 ΣCO_2 含量的变化范围，得到大气 CO_2 浓度的上限和下限。其估算表明，始新世大气中 CO_2 含量跟现今持平或略高。可以利用有孔虫的硼同位素重建古 pH 值变化序列，从而探讨没有冰芯记录前更古老的大气 CO_2 浓度的变化。Hönisch 等用浮游有孔虫的硼同位素研究了 0~140 和 300~420 kaBP 两次冰期间的 pH 值，引导出对海表 $p(CO_2)$ 变化的响应，揭示出海-气间强烈的耦合作用。

以上论述都认为控制海洋 pH 值的主导因素是大气 CO_2 浓度的变化，且 CO_2 处在大气和海洋间的平衡状态。局部的海洋地区 pH 值出现过大幅度的变化不能用大气 CO_2 浓度的变化来解释，存在其他的驱动因素。Palmer 等根据有孔虫的 $\delta^{11}B$ 值重建了西赤道太平洋 23 ka 以来海表 pH 和 $p(CO_2)$ 序列，发现在距今 13.8 ka 和 15.6 ka 时期海表 pH 值异常与增强的拉尼娜事件有关。

在全球降温、海平面下降的大环境下，海水盐度升高，会导致海水 pH 值的升高。例如上述 Sanyal 等揭示的末次冰时，海水中的 pH 值比现今高出 0.3 个单位。Hönisch 等也证明了冰期时海水的 pH 值要比间冰期时海水的 pH 值要高 0.18 个单位。利用珊瑚礁的硼同位素组成指示古海平面的变化是有可能的。

海水的 pH 变化是全球碳循环的一个重要环节，直接反映出海水中各个形态的 CO_2 含量和大气 CO_2 的变化，并通过对生物的影响引发对全球碳循环的反馈作用。弄清楚海水 pH 在构造尺度、轨道尺度和亚轨道尺度上的变化，能增进理解全球碳循环和海洋化学环境变化的规律。

思考题

1.各种古温度测温方法的规律/原理基础是什么？

2.不同的温度指标适用于特定的环境各是什么？

3.各指标有什么特征使其能成为古生产力指标？

4.硼同位素测试古海水 pH 值的原理是什么？测试古海水 pH 值的意义是什么？

参考文献

[1] CAI C, LEU A O, XIE G J, et al. A methanotrophic archaeon couples an aerobic oxidation of methane to Fe(Ⅲ) reduction [J]. The ISME Journal, 2018, 12(8): 1929—1939.

[2] CANFIELD D E, THAMDRUP B. Towards a consistent classification scheme for geochemical environments, or, why we wish the term 'suboxic' would go away[J]. Geobiology, 2009, 7: 385—392.

[3] ETTWIG K F, ZHU B L, SPETH D, et al. Archaea catalyze iron-dependent anaerobic oxidation of methane [J]. Proceedings of the National Academy of Sciences of the United States of America, 2016, 113(45): 12792—12796.

[4] FU L, LI S W, DING Z W, et al. Iron reduction in the DAMO/Shewanella oneidensis MR—1 coculture system and the fate of Fe(Ⅱ) [J]. Water Research, 2016, 88: 808—815.

[5] HE Q X, YU L P, LI J B, et al. Electron shuttles enhance anaerobic oxidation of methane coupled to iron(Ⅲ) reduction [J]. Science of the Total Environment, 2019, 688: 664—672.

[6] HE Z F, ZHANG Q Y, FENG Y D, et al. Microbiological and environmental significance of metal-dependent anaerobic oxidation of meth ane [J]. Science of the Total Environment, 2018, 610—611: 759—768.

[7] HIMES-CORNELL A, PENDLETON L, ATIYAH P. Valuing ecosystem services from blue forests: A systematic review of the valuation of salt marshes, sea grass beds and mangrove forests [J]. Ecosystem Services, 2018, 30: 36—48.

[8] KONG Y, LEI H Y, ZHANG Z L, et al. Depth profiles of geochemical features, geochemical activities and biodiversity of microbial communities in marine sediments from the Shenhu area, the northern South China Sea [J]. Science of the Total Environment, 2021, 779: 146233.

[9] LIANG L W, WANG Y Z, SIVAN O, et al. Metal-dependent anaerobic methane oxidation in marine sediment: insights from marine settings and other systems [J]. Science China Life Sciences, 2019, 62(10): 1287—1295.

[10] LUO L, GU J D. Influence of Macrofaunal Burrows on Extracellular Enzyme Activity and Microbial Abundance in Subtropical Mangrove Sediment [J]. Microb Ecol, 2018, 76(1): 92—101.

[11] MCLEOD E，CHMURA G L，BOUILLON S. A blueprint for blue carbon：toward an improved understanding of the role of vegetated coastal habitats in sequestering CO_2 [J]. Ecol Environ 2011，9(10)：552—60.

[12] METCALFE K S，MURALI R，MULLIN S W，et al. Experimentally-validated correlation analysis reveals new anaerobic methane oxidation partner ships with consortium-level heterogeneity in diazotrophy [J]. The ISME Journal，2021，15(2)：377—396.

[13] SARKER S，MASUD-UL-ALAM M，HOSSAIN M S，et al. A review of bioturbation and sediment organic geochemistry in mangroves [J].Geological Journal，2020，56(5)：2439—50.

[14] SCHELLER S，YU H，Chadwick G L，et al. Artificial electron acceptors de couple archaeal methane oxidation from sulfate reduction [J]. Science，2016，351(6274)：703—707.

[15] SIVAN O，ANTLER G，TURCHYN A V，et al. Iron oxides stimulate sulfate driven anaerobic methane oxidation in seeps [J]. Proceedings of the National Academy of Sciences of the United States of America，2014，111(40)：E4139—E4147.

[16] SUESS E. Marine cold seeps and their manifestations：geological control，biogeochemical criteria and environmental conditions [J]. International Journal of Earth Sciences，2014，103(7)：1889—1916.

[17] TANG J，YE S，CHEN X，et al. Coastal blue carbon：Concept，study method，and the application to ecological restoration [J]. Science China Earth Sciences，2018，61(6)：637—646.

[18] WENFANG LU，YAWEI LUO，XIAOHAI YAN，Yuwu JIANG.Modeling the contribution of the microbial carbon pump to carbon sequestration in the South China Sea[J]. Science China(Earth Sciences)，2018，61(11)：1594—1604.

[19] YAN Z，JOSHI P，GORSKI C A，et al. A biochemical framework for anaerobic oxidation of methane driven by Fe(Ⅲ)-dependent respiration [J]. Nature Communications，2018，9(1)：1642.

[20] YANG H L，YU S，LU H L. Iron-coupled anaerobic oxidation of methane in marine sediments：a review [J]. Journal of Marine Science and Engineering，2021，9(8)：875.

[21] YANG S S，LV Y X，LIU X P，et al. Genomic and enzymatic evidence of acetogenesis by anaerobic methanotrophic archaea [J]. Nature Communications，2020，11(1)：3941.

[22] ZHANG Y，ZHAO M，CUI Q，et al. Processes of coastal ecosystem carbon sequestration and approaches for increasing carbon sink [J]. Science China Earth Sciences，2017，60(5)：809—20.

[23] 陈烨，孙治雷，吴能友，等. 海洋沉积物中甲烷代谢微生物的研究进展 [J]. 海洋地质与

第四纪地质,2022,42(06):82-92.

[24] 范成新,刘敏,王圣瑞,等.近20年来我国沉积物环境与污染控制研究进展与展望[J].地球科学进展,2021,36(4):346-374.

[25] 冯东,宫尚桂.海底冷泉系统硫的生物地球化学过程及其沉积记录研究进展[J].矿物岩石地球化学通报,2019,38(06).

[26] 龚紫娟,张青田.生物扰动影响沉积物理化特征的研究进展[J].海洋湖沼通报,2022,44(02):166-72.

[27] 韩广轩,宋维民,李远,等.海岸带蓝碳增汇:理念、技术与未来建议[J].中国科学院院刊,2023,38(03):492-503.

[28] 黄邦钦,邱勇,陈纪新.海洋生物泵研究的若干新进展与展望[J].应用海洋学学报,2019,38(04):474-483.

[29] 杨群慧,周怀阳,季福武,等.海底生物扰动作用及其对沉积过程和记录的影响[J].地球科学进展,2008,23(9):932-941.

[30] 焦念志,戴民汉,翦知湣,等.海洋储碳机制及相关生物地球化学过程研究策略.科学通报,2022,67(15):1600-1606.

[31] 焦念志,李超,王晓雪.海洋碳汇对气候变化的响应与反馈[J].地球科学进展,2016,31(7):668-681.

[32] 焦念志,梁彦韬,张永雨,等.中国海及邻近区域碳库与通量综合分析[J].中国科学:地球科学,2018,48(11):1393-1421.

[33] 焦念志.研发海洋"负排放"技术支撑国家"碳中和"需求[J].中国科学院院刊,2021,36(2):179-187.

[34] 李大鹏,张硕,张中发,等.基于地球化学特性的海州湾海洋牧场沉积物重金属研究[J].环境科学,2017,38(11):4525-4536.

[35] 李捷,刘译蔓,孙辉,等.中国海岸带蓝碳现状分析[J].环境科学与技术,2019,42(10):207-16.

[36] 李静,温国义,杨晓飞,等.海洋碳汇作用机理与发展对策[J].海洋开发与管理,2018,35(12):11-15.

[37] 李军,孙治雷,黄威,等.现代海底热液过程及成矿[J].地球科学(中国地质大学学报),2014,39(3):312-324.

[38] 李三忠,刘丽军,索艳慧,等.碳构造:一个地球系统科学新范式[J].科学通报,2023,68(4):309-338.

[39] 李小艳,石学法,程振波,等.表层海水古温度再造方法的研究进展[J].海洋科学进展,2008,26(4):512-521.

[40] 刘羿,彭子成,刘卫国,等.古海水pH值代用指标——海洋碳酸盐硼同位素研究进展[J].地球科学进展,2007,22(12):1240-1250.

[41] 彭逸生,杨玉婷,梁晋,等.大型底栖动物扰动对红树林微生物群落的影响[J].中山大学学报(自然科学版)(中英文),2023,62(02):17—27.

[42] 齐永安,王敏,李姐,等.寒武纪底质革命:从微生物席底到生物扰动混合底[J].河南理工大学学报(自然科学版),2012,31(2):159—164.

[43] 邱国强,王海黎,邢小罡.BGC-Argo浮标观测在海洋生物地球化学中的应用[J].厦门大学学报(自然科学版),2018,57(06):827—840.

[44] 沈俊,施张燕,冯庆来.古海洋生产力地球化学指标的研究[J].地质科技情报,2011,30(2):69—77.

[45] 沈瑛楚,宋新民,刘波,等.伊拉克AD油田上白垩统Kh2段生物扰动与储层非均质性[J].天然气地球科学,2019,30(12):1755—1770.

[46] 石炜,李超,Algeo T J.埃迪卡拉纪Shuram碳同位素负偏事件有机碳氧化假说的定量模型评估[J].中国科学:地球科学,2017,47:1436—1446.

[47] 石学法,任向文,刘季花.富钴铁锰结壳的控矿要素和成矿过程——以西太平洋为例[J].矿物岩石地球化学通报,2008,27(3):232—238.

[48] 石学法,任向文,刘季花.太平洋海山成矿系统与成矿作用过程[J].地学前缘,2009,16(6):55—65.

[49] 田胜艳,张彤,宋春净,等.生物扰动对海洋沉积物中有机污染物环境行为的影响[J].天津科技大学学报,2016,31(01):1—7.

[50] 汪品先,田军,黄恩清,等.地球系统与演化.北京:科学出版社,2018.

[51] 汪品先.对地球系统科学的理解与误解——献给第三届地球系统科学大会[J].地球科学进展,2014,29(11).

[52] 汪品先.深海沉积与地球系统[J].海洋地质与第四纪地质,2009,29(4):1—11.

[53] 王焰新,甘义群,邓娅敏,等.海岸带海陆交互作用过程及其生态环境效应研究进展[J].地质科技通报,2020,39(1):1—10.

[54] 王越奇.基于生物标志物从近岸到深海的生态环境演变比较研究[D].青岛:中国科学院大学(中国科学院海洋研究所),2021.

[55] 吴能友,孙治雷,卢建国,等.冲绳海槽海底冷泉-热液系统相互作用[J].海洋地质与第四纪地质,2019,39(05):23—35.

[56] 吴雪停;刘丽华;吴能友,等.海洋沉积物中早期成岩作用地球化学研究进展[J].海洋地质前沿,2015,31(12):17—26.

[57] 谢树成,焦念志,罗根明,等.海洋生物碳泵的地质演化:微生物的碳汇作用[J].科学通报,2022,67(15):1715—1726.

[58] 辛友志,孙治雷,王红梅,等.海洋沉积物中金属依赖型甲烷厌氧氧化作用研究进展及展望[J].海洋地质与第四纪地质,2021,41(05):58—66.

[59] 徐林刚.沉积型锰矿床的形成及其与古海洋环境的协同演化[J].矿床地质,2022,39

(6)：959—973.

[60] 杨卫东，曾联波，李想.碳汇效应及其影响因素研究进展[J].地球科学进展，2023，38 (2)：151—167.

[61] 杨秀清，毛景文，张作衡，等.条带状铁建造：特征、成因及其对地球环境的制约[J].矿床地质，2020，39(4)：697—727.

[62] 渝程，曹红，耿威，等.海底冷泉系统氧化还原环境重建方法的研究进展[J].海洋地质前沿，2022：1—22.

[63] 张灿影，王琳，於维樱，等.冷泉系统研究国际发展态势分析[J].海洋科学，2018，42 (10)：82—93.

[64] 张水昌，王华建，王晓梅，等.中元古代海洋生物碳泵：有机质来源、降解与富集[J].科学通报，2022，67(15)：1624—1643.

[65] 张兴亮，舒德干.寒武纪大爆发的因果关系 [J].中国科学：地球科学，2014，44：1155 —1170.

[66] 张兴亮.寒武纪大爆发的过去、现在与未来[J].古生物学报，2021，60(1)：10—24.

[67] 赵美训，丁杨，于蒙.中国边缘海沉积有机质来源及其碳汇意义[J].中国海洋大学学报：自然科学版，2017，47(9)：70—75.

[68] 朱金财，马玉欣，蔡明红.海洋环境 PAHs 研究进展：来源、分布及生物地球化学过程 [J].海洋环境科学，2021，40(3)：468—476.

[69] 朱茂旭，史晓宁，杨桂朋，等.海洋沉积物中有机质早期成岩矿化路径及其相对贡献[J].地球科学进展，2011，26(4)：355—364.